建筑工程安装职业技能培训教材

安装起重工

建筑工程安装职业技能培训教材编委会　组织编写

艾伟杰　龙　跃　主编

U0288281

中国建筑工业出版社

图书在版编目（CIP）数据

安装起重工/建筑工程安装职业技能培训教材编委会组织
编写；艾伟杰，龙跃主编. —北京：中国建筑工业出版社，
2015.11

建筑工程安装职业技能培训教材

ISBN 978-7-112-18506-1

Ⅰ.①安⋯ Ⅱ.①建⋯ ②艾⋯ ③龙⋯ Ⅲ.①建筑安装-
技术培训-教材②结构吊装-技术培训-教材 Ⅳ.①TU758

中国版本图书馆CIP数据核字（2015）第227930号

　　本书是根据国家有关建筑工程安装职业技能的最新标准，结合全国建设行业全面实行建设职业技能岗位培训的要求编写的。以安装起重工职业资格三级的要求为基础，兼顾一、二级和四、五级的要求。全书分为两大部分，第一部分为理论知识，第二部分为操作技能。第一部分理论知识分为五章，分别是：识图知识、力学基础知识，常用吊装机具、索具，常用起重机械，构件的运输及堆放。第二部分操作技能分为五章，分别是：吊装用绳的连接，起重安装操作技术，多层及高层结构安装，起重吊运指挥信号，起重吊装方案编制与起重安全管理。

　　本书注重突出职业技能教材的实用性，对基础知识、专业知识和相关知识需要掌握、熟悉、了解的部分都有适当的编写，尽量做到图文结合，简明扼要，通俗易懂，避免教科书式的理论阐述、公式推导和演算。是当前建筑工程安装职业技能鉴定和考核的培训教材，适合建筑工人自学使用，也可供大中专学生参考使用。

责任编辑：刘　江　范业庶　岳建光
责任设计：张　虹
责任校对：李美娜　党　蕾

建筑工程安装职业技能培训教材
安装起重工
建筑工程安装职业技能培训教材编委会　组织编写
艾伟杰　龙　跃　主编

＊

中国建筑工业出版社出版、发行（北京西郊百万庄）
各地新华书店、建筑书店经销
霸州市顺浩图文科技发展有限公司制版
北京市安泰印刷厂印刷

＊

开本：787×1092毫米　1/16　印张：13　字数：315千字
2015年11月第一版　2015年11月第一次印刷
定价：**35.00**元
ISBN 978-7-112-18506-1
（27761）

建筑工程安装职业技能培训教材编委会

（按姓氏笔画排序）

于　权　　艾伟杰　　龙　跃　　付湘炜　　付湘婷　　朱家春　　任俊和
刘　斐　　闫留强　　李　波　　李朋泽　　李晓宇　　李家木　　邹德勇
张晓艳　　尚晓东　　孟庆礼　　赵　艳　　赵明朗　　徐龙恩　　高东旭
曹立钢　　曹旭明　　阚咏梅　　翟羽佳

前　　言

安装起重工是施工生产一线的一支重要力量，他们对提高建筑行业机械化程度以及建筑施工效率起着非常重要的作用。积极稳妥地开展对安装起重工的培训工作，对鼓励广大安装起重技术工人钻研业务、提高技能水平、推动企业生产技术以及稳定技术工人队伍有着积极的促进作用。

本书根据国家有关建筑安装工程施工职业技能的最新标准，结合全国建设行业全面实行建设职业技能岗位培训的要求编写。全书包括：识图知识；力学基础知识；常用吊装机具、索具；常用起重机械；构件的运输及堆放；吊装用绳的连接；起重安装操作技术；多层及高层结构安装；起重吊运指挥信号；起重吊装方案编制与起重安全管理。

本书既突出职业技能用书的实用性，又具有很强的科学性、规范性和创新性，尽量做到图文结合，简明扼要，通俗易懂，避免教科书式的理论阐述、公式推导和演算。是当前职工技能鉴定和考核的培训教材，适合建筑工人自学和职业技能鉴定考核培训，也可供大中专学生参考使用。

本书由艾伟杰、龙跃主编，由于编者水平有限，加之因时间仓促，因此教材中难免存在不足和错误，诚恳地希望专家和广大读者批评指正。同时本书在编写过程中参阅并吸收了大量的科技文献，在此对他们的工作、贡献表示深深的谢意。

目　录

第一部分　理 论 知 识

第一部分

理论知识

第一章 识图知识

第一节 建筑识图的基本知识

一、投影的基本知识

1. 投影方法和投影分类

（1）投影法

物体在各种光源的照射下，会在地面或墙面上形成影像，如图 1-1（a）所示。若光线能够透过物体，就会在投影面上产生投影，如图 1-1（b）所示。由此可见，形成投影应具备投影线、物体、投影面三个基本要素。

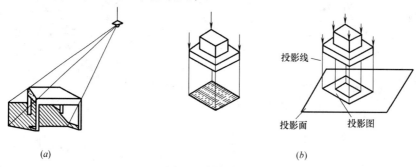

图 1-1　影与投影

（a）点光源照射物体；（b）平行光源照射物体

（2）投影的分类

投影一般分为中心投影和平行投影。

1）中心投影。由一点发出呈放射状的投影线照射物体所形成的投影为中心投影，如图 1-2 所示。

2）平行投影。由平行投影线照射物体所形成的投影为平行投影。平行投影又分为正投影和斜投影两种。正投影是由平行投影线在与其垂直的投影面上的投影，如图 1-3（a）

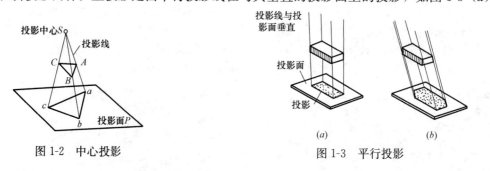

图 1-2　中心投影

图 1-3　平行投影

所示；斜投影是由平行投影线在与其倾斜的投影面上的投影，如图 1-3（b）所示。

2. 点、直线段、平面的投影

建筑物一般是由多个平面构成，而各平面相交于多条线，各条线又相交于多个点，由此可见点是构成线、面、体的最基本的几何元素。点、线、面的投影则是绘制建筑工程图的基础。因此，掌握点的投影是学习工程制图和识图的基础。

（1）点的投影

将空间点 A 放在三面投影体系中，自 A 点分别向三个投影面作垂线（投影线），便获得了点的三面投影。空间点用大写字母来表示，而在各投影面 H、V、W 的投影分别用小写字母、小写字母加一撇、小写字母加两撇来标注。A 点的三面投影分别标注为 a、a'、a''，如图 1-4 所示。

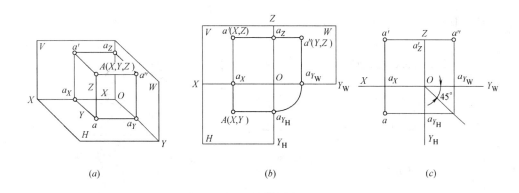

（a）　　　　　　　　（b）　　　　　　　　（c）

图 1-4　点的投影规律

（a）点的透视图；（b）投影面展开；（c）点的投影

点的投影规律：

1）点的投影连线垂直于两投影面相交的投影轴，如 $aa' \perp OX$、$a'a'' \perp OZ$。

2）点的坐标反映投影点到投影轴的距离及到投影面的距离，如投影点 a 的坐标 Y 值反映该点到 OX 轴的距离及 a 点到 V 投影面的距离。

（2）直线段的投影

1）直线段的投影特性。直线段的投影就是直线段上各点投影的集合。直线段倾斜投影面时其投影仍是一条直线段，但长度缩短，称为一般位置直线段；当直线段垂直投影面时，其投影积聚成一点；当直线段平行投影面时，其投影与直线段本身平行且等长，如图 1-5 所示。

2）直线段的投影。一般位置直线段倾斜于 V、H、W 三个投影面，故一般位置直线段在三个投影面上的投影都倾斜于投影轴且长度缩短，投影线与投影轴的夹角并不反映空间直线段与各投影面的倾角，如图 1-6 所示。

3）投影面平行线段的投影。按平行线段与投影面的相对位置分为水平线段、正平线段、侧平

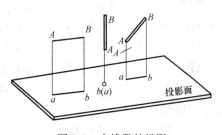

图 1-5　直线段的投影

3

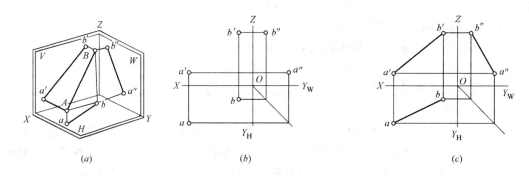

图 1-6　一般直线段的投影

(a) 透视图；(b) 直线段上的点投影；(c) 直线段的投影图

线段三种，其投影情况如图 1-7 所示。

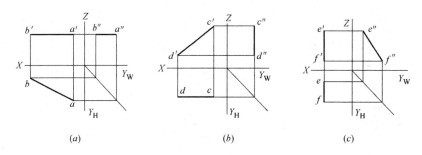

图 1-7　投影面平行线的投影图

(a) 水平线；(b) 正平线；(c) 侧平线

① 水平线段：平行于 H 投影面而与 V、W 两投影面倾斜的直线段，其投影如图 1-7 (a) 所示。

② 正平线段：平行于 V 投影面而与 H、W 两投影面倾斜的直线段，其投影如图 1-7 (b) 所示。

③ 侧平线段：平行于 W 投影面而与 H、V 两投影面倾斜的直线段，其投影如图 1-7 (c) 所示。

各条平行线段在所平行的投影面上的投影长度即为该空间直线段实长，而在其余两个投影面上的投影分别平行于对应的投影轴且长度缩短。

4) 投影面垂直线段的投影。垂直线段分为正垂线段、铅垂线段、侧垂线段 3 种，其投影情况如图 1-8 所示。

① 正垂线段：垂直于 V 投影面的直线段，其投影如图 1-8 (a) 所示。

② 铅垂线段：垂直于 H 投影面的直线段，其投影如图 1-8 (b) 所示。

③ 侧垂线段：垂直于 W 投影面的直线段，其投影如图 1-8 (c) 所示。

各垂直线段在其垂直的投影面上的投影积聚为一点，而在其余两个投影面上的投影平行于投影轴且反映实长。

综上所述可知，直线段上的点的投影一定落在该直线段的同面投影线上，并且点在直线段上所分割线段的比例与其投影点在投影线上的分割比例不变。而投影面的垂直线段上

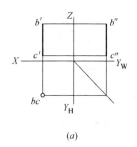 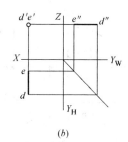 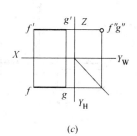

(a) (b) (c)

图 1-8 投影面垂直线的投影

(a) 正垂线；(b) 铅垂线；(c) 侧垂线

的点一定在该投影面上积聚为一点。

（3）平面的投影

空间平面与投影面的相对位置分为一般位置平面、投影面平行面、投影面垂直面三种，其投影情况亦有不同。

1）一般位置平面的投影。倾斜于三个投影面的空间平面称为一般位置平面，在三个投影面上的投影都是小于实际形状的类似形，如图 1-9 所示。

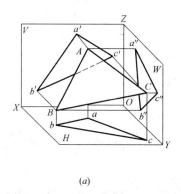 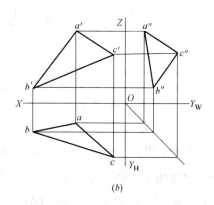

(a) (b)

图 1-9 一般位置平面的投影

(a) 透视图；(b) 投影图

2）投影面的平行面投影。平行于某一投影面的空间平面称为投影面的平行面。该平面在平行投影面的投影反映实形，而在另外两投影面上则为平行于投影轴的直线段。平行面具体可分为：水平面、正平面、侧平面三种。

① 水平面：平行于水平投影面的平面，其投影如图 1-10 (a) 所示。

② 正平面：平行于正立投影面的平面，其投影如图 1-10 (b) 所示。

③ 侧平面：平行于侧立投影面的平面，其投影如图 1-10 (c) 所示。

3）投影面的垂直面投影。垂直于某一投影面且倾斜于其余两投影面的平面称为投影面的垂直面。该平面积聚在其垂直的投影面上成一直线段，且与两投影轴的夹角反映平面与两投影面的夹角，在其余两投影面的投影是小于实形的类似形。垂直面具体可分为铅垂面、正垂面和侧垂面三种。

① 铅垂面：垂直于水平投影面的平面，其投影如图 1-11 (a) 所示。

5

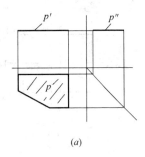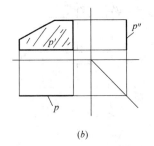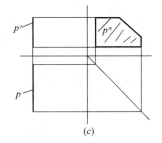

(a)   (b)   (c)

图 1-10   投影面平行面的投影
(a) 水平面；(b) 正平面；(c) 侧平面

② 正垂面：垂直于正立投影面的平面，其投影如图 1-11（b）所示。

③ 侧垂面：垂直于侧立投影面的平面，其投影如图 1-11（c）所示。

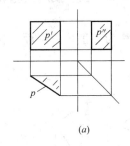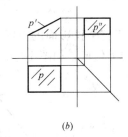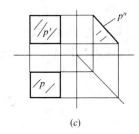

(a)   (b)   (c)

图 1-11   投影面垂直面的投影
(a) 铅垂面；(b) 正垂面；(c) 侧垂面

二、识图基本知识

1. 建筑工程施工图的组成

建筑工程施工图是按照不同的专业分别进行绘制的，一套完整的建筑工程施工图应包括以下几个部分内容。

（1）总图

总图包括建筑总平面布置图，运输与道路布置图，竖向设计图，室外管线综合布置图（包括给水、排水、电力、弱电、暖气、热水、煤气等管网）、庭园和绿化布置图，以及各个部分的细部做法详图；并附有设计说明。

（2）建筑专业图

建筑专业图包括个体建筑的总平面位置图，各层平面图，各向立面图，屋面平面图，剖面图，外墙详图，楼梯详图，电梯地坑、井道、机房详图，门廊门头详图，厕所盥洗卫生间详图，阳台详图，烟道通风道详图，垃圾道详图及局部房间的平面详图，地面分格详图，吊顶详图等。此外，还有门窗表、工程材料做法表和设计说明。

（3）结构专业图

结构专业图包括基础平面图，桩位平面图，基础剖面详图，各层顶板结构平面图与剖面节点图，各型号柱、梁、板的模板图，各型号柱、梁、板的配筋图，框架结构柱梁板结构详图，屋架檩条结构平面图，屋架详图，檩条详图，各种支撑详图，平屋顶挑檐平面图，楼梯结构图，阳台结构图，雨罩结构图，圈梁平面布置图与剖面节点图，构造柱配筋图，墙拉筋详图，各种预埋件详图，各种设备基础详图，以及预制构件数量表和设计说明等。有些工程在配筋图内附有钢筋表。

（4）设备专业图

设备专业图包括各层上水、消防、下水、热水、空调等平面图，上水、消防、下水、热水、空调各系统的透视图或各种管道的立管详图，厕所、盥洗室、卫生间等局部房间平面详图或局部做法详图，主要设备或管件统计表和设计说明等。

（5）电气专业图

电气专业图包括各层动力、照明、弱电平面图，动力、照明系统图，弱电系统图，防雷平面图，非标准的配电盘、配电箱、配电柜详图和设计说明等。

上述各专业施工图的内容，仅就常出现的图纸内容列举出来，并非各单项工程都得具备这些内容，还要根据建筑工程的性质和结构类型不同决定。例如，平屋顶建筑就没有屋架檩条结构平面图。又如，除成片建设的多项工程外，仅单项工程就可能不单独绘制总图。

2. 识图常识

（1）比例

比例是图形与实物相对应的线性尺寸之比。读图时，不是去量图上尺寸，而是以图上标注的尺寸为实物真实尺寸。比例应以阿拉伯数字表示，宜注写在图名的右侧。

（2）标高

标高是表示建筑物某一部位或地面、楼层等的高度，以米（m）为单位，精确到小数点后三位数（总平面图中为两位数）。

标高分为相对标高和绝对标高。绝对标高：我国以青岛黄海平面为基准，将其高程定为零点。地面地物与基准点的高差称为绝对标高；相对标高：建筑标高是以房屋首层室内的高度作为零点，写作±0.000来计算房屋的相对高差，其高差叫做相对标高，如图 1-12 所示。

（3）轴线

定位轴线是确定建筑物墙和柱等承重构件位置的基准线。每条轴线均应编号，将其编号写在端部的圆圈内。横向轴线一般用阿拉伯数字 1、2、3、…表示，纵向轴线一般用 A、B、C 等表示。

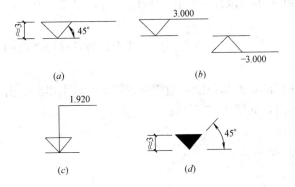

图 1-12　标高符号及规定画法

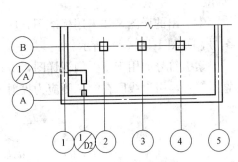

图 1-13　定位轴线的编号顺序

7

附加轴线，即在两根轴线之间根据需要增加的轴线，编号则以分数形式表示，如图1-13所示。

在详图中，若一个详图适用于几根定位轴线时，应同时注明各有关轴线的编号，如图1-14所示。

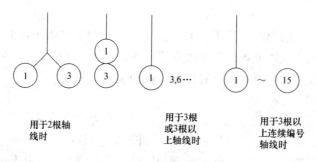

用于2根轴线时　　用于3根或3根以上轴线时　　用于3根以上连续编号轴线时

图1-14　详图轴线编号

（4）剖面的剖切符号

剖面的剖切符号如图1-15所示，由剖切位置线及剖视方向线两条线组成。编号为阿拉伯数字，顺序按由左至右、由下至上连续编排，标注在剖视方向线的端部。有转折的剖切位置线，在转折处如果与其他剖切图线发生混淆，在转折处外侧还应加注编号。

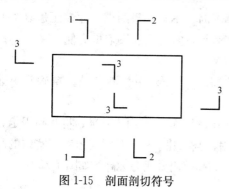

图1-15　剖面剖切符号

（5）索引符号

施工图中，对建筑物的有些部位或构件，需要采用更大的比例另画详图，为便于施工时查阅，在施工图中应用索引符号和详图符号来建立各图纸间的关系。

1）索引符号识读。

索引符号是由直径10mm的圆和水平直径组成，均以细实线绘制，如图1-16（a）所示。

索引出的详图，如与被索引的详图同在一张图纸内，应在索引符号的上半圆中用数字注明该详图的编号，并在下半圆中间画一段水平细实线，如图1-16（b）所示。

索引出的详图，如与被索引的详图不在同一张图纸内，应在索引符号的上半圆中用数字注明该详图的编号，并在下半圆中用数字注明该详图所在图纸的编号，如图1-16（c）所示。

索引出的详图，如采用标准图，应在索引符号水平直径的延长线上加注该标准图册的编号，如图1-16（d）所示。

索引符号如用于索引剖视详图，应在被剖切的部位绘制剖切位置线，并以引出线引出索引符号，引出线所在的一侧应为投射方向，如图1-17所示。

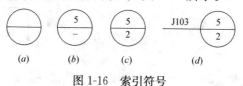

（a）　　（b）　　（c）　　（d）

图1-16　索引符号

8

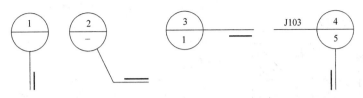

图 1-17　用于索引剖面详图的索引符号

2）详图符号。

详图符号是直径为 14mm 的圆，当详图与被索引的图样同在一张图纸内时，在圆内注明编号。当详图与被索引的图不在同一张图纸内，用细实线在详图符号内画一水平直径，在上半圆中注明详图编号，在下半圆中注明被索引的图纸的编号，如图 1-18 所示。

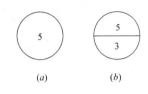

图 1-18　详图符号

(a) 与被索引图样同在一张图纸内详图符号；
(b) 与被索引图样不在同一张图纸内详图符号

（6）引出线

引出线如图 1-19 所示。

（7）尺寸标注

国家标准规定，图纸上除标高和总平面图中的尺寸以米（m）为单位外，其他图纸中凡未注明单位的尺寸均以毫米（mm）为单位，如图 1-20 所示。

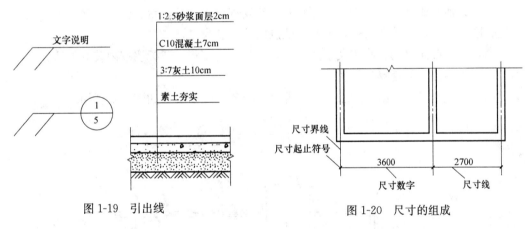

图 1-19　引出线　　　　　　　　　　图 1-20　尺寸的组成

图纸上的尺寸标注包括尺寸界线、尺寸线、尺寸起止符号和尺寸数字四个基本要素。

三、建筑施工图的识图

1. 平面图

平面图分为建筑总平面图和建筑平面图。建筑平面图是用一个假想水平面，沿略高于窗台的位置剖切建筑物，切面以下部分的水平投影图就是平面图（如图 1-21 所示）。平面图的用途是作为在施工过程中放线、砌筑、安装门窗、室内装修等的依据，也是编制工程预算和备料，做施工准备的依据。如果是楼房，各层平面图形成原理相同。

建筑平面图反映了以下 8 个方面的内容：

（1）建筑物的尺寸如轴线间尺寸、建筑物外形尺寸、门窗洞口及墙体的尺寸、墙厚及柱子的平面尺寸等。

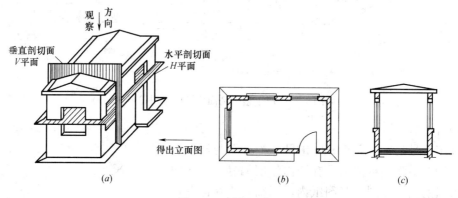

图 1-21　剖切示意

（2）建筑物的形状、朝向以及各种房间、走廊、出入口、楼（电）梯、阳台等平面布置情况和相互关系。

（3）建筑物地面标高，如首层室内地面标出±0.000m，其他像卫生间、楼梯间休息平台等均标出各自标高。高窗、预留孔洞及埋件等则分别标出窗台标高和中心标高。

（4）门窗的种类，门窗洞口的位置，开启的方向，门窗及门窗过梁的编号。

（5）剖切线位置，局部详图和标准配件的索引号和位置。

（6）其他专业（如水、暖、电等）对土建要求设置的坑、台、槽、水池、电闸箱、消火栓、雨水管等，在墙上或楼板上预留孔洞的位置和尺寸。

（7）除一般简单的装修用文字注明外，较复杂的工程，还标明室内装修做法，包括地面、墙面、顶棚等的用料和做法。

（8）其他内容，如施工要求，砖、混凝土及砂浆强度等，如图 1-22 所示。

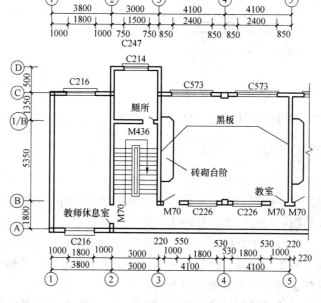

图 1-22　局部平面图

2. 立面图

立面图是建筑物的侧视图，表示其外观，主要有正立面图、侧立面图和背立面图（也有按朝向分东、西、南、北立面图）。立面图的名称宜根据两端定位轴线号编注。

立面图的用途主要是供室外装修施工使用，包括以下几个方面：

（1）建筑物的外形、门窗、卫生间、雨篷、阳台、雨水管等位置，是平屋面还是坡屋面。

（2）建筑物各楼层的高度及总高度，室外地坪标高。

（3）外墙的装修做法、线脚做法和饰面分格等，如图 1-23、图 1-24 所示。

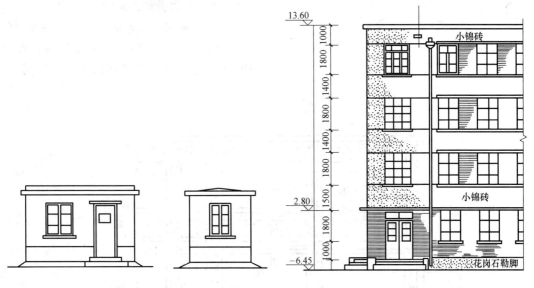

图 1-23　立面图　　　　　　　图 1-24　局部立面图

3. 剖面图

剖面图是建筑物被一个假想的垂直平面切开后，切面一侧部分的投影图。

剖面图能表明建筑物的结构形式、高度及内部布置情况。根据剖切位置的不同，剖面图分为横剖和纵剖，有的还可以转折剖切。

看剖面图可以了解以下主要内容：

（1）建筑物的总高、室内外地坪标高，各楼层标高、门窗及窗台高度等。

（2）建筑物主要承重构件的相互关系，如梁、板的位置与墙、柱的关系，屋顶的结构形式。

（3）楼地面、顶棚、屋面的构造及做法，窗台、檐口、雨篷、台阶等的尺寸及做法。

4. 详图

详图是将平、立、剖面图中的某些部位需详细表述用较大比例而绘制的图样。

详图的内容包括广泛，凡是在平、立、剖面图中表述不清楚的局部构造和节点，都可以用详图表述，其内容主要有以下几个方面：

（1）细部或部件的尺寸、标高。

（2）细部或部件的构造、材料及做法。

（3）部件之间的构造关系。

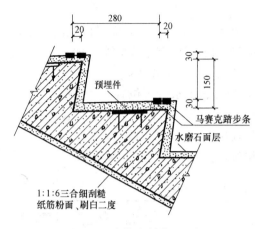

图 1-25 楼梯踏步详图示意

（4）各部位标准做法的索引符号。图 1-25 是一个楼梯踏步的详图。

四、结构施工图的识图

结构施工图是指基础平面图和剖面图、各层楼盖结构平面图和剖面图、屋面结构平面图和剖面图以及构件和节点详图等，并附有文字说明、构件数量表和材料用表。

1. 基础平面图和剖面图

基础平面图和剖面图是相对标高 ± 0.000 m 以下的结构图，主要供放灰线、基槽（坑）挖土及基础施工时使用，如图 1-26 所示。

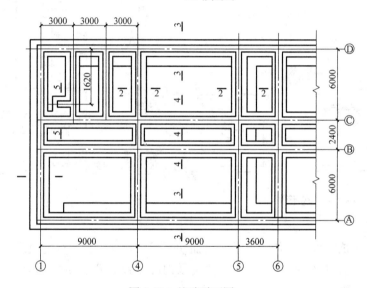

图 1-26 基础平面图

（1）基础平面图主要表示以下内容：

1）轴线编号、轴线尺寸、基础轮廓线尺寸与轴线的关系。

2）剖切线位置。

3）预留沟槽、孔洞位置及尺寸，以及设备基础的位置及尺寸。

（2）基础剖面图主要表明基础的具体尺寸、构造做法和所用材料等，如图 1-27 所示。

文字说明主要说明 ± 0.000 m 相对的绝对标高、地基承载力、材料标号（等级）、验槽和对施工的要求等。

2. 楼层结构平面图及剖面图

一般分为预制楼层和现浇楼层两种。

（1）预制楼层结构平面图，主要表示楼层各种构件的平面关系（各种预制构件的名称、编号、位置、数量及定位尺寸等）。预制构件与墙的关系均以轴线为准标注。预制楼

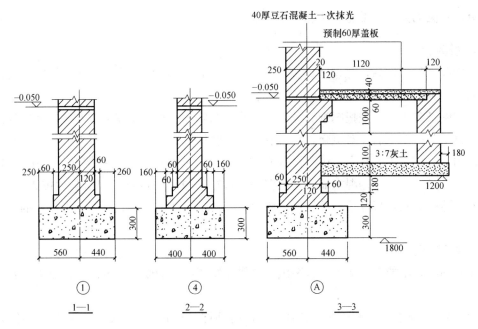

图 1-27　条形基础剖面图

层的剖面图主要表示梁、板、墙、圈梁之间的搭接关系和构造处理。

（2）现浇楼层结构平面图及剖面图，主要为现浇支模板、浇筑混凝土等用，包括平面、剖面、钢筋表和文字说明。主要标注轴线号、轴线尺寸、梁的布置和编号、板的厚度和标高及钢筋布置，梁、楼板、墙体之间关系等。

（3）构件及节点详图，构件详图表明构件的详细构造做法，节点详图表明构件间连接处的详细构造和做法。

构、配件和节点详图可分为非标准的和标准的两类，非标准的必须根据每个工程的具体情况，单独进行设计、绘制成图。另一类，量大面广的构（配）件和节点，按照统一标准的原则，设计成标准构（配）件和节点，绘制成标准详图，以利于大批量生产，共同使用。

五、标准图的识图

建筑物构（配）件通用标准图主要有钢门窗、木门窗、屋面、顶棚、楼地面、墙身、花台等图集，代号用"J"或"建"表示；结构构件通用标准图主要有门窗过梁、基础梁、吊车梁、屋面梁、屋架、屋面板、楼板、楼梯、天窗架、沟盖板等。还有一些构筑物，如水池、化粪池、水塔等通用标准图。图集代号用"G"或"结"表示。

重复使用的建筑配件和结构构件图集分别用代号"CJ"和"CQ"表示。

标准图根据使用范围的不同可分为：

（1）经国家批准的全国通用构（配）件图和经国家有关部门审查通过的重复使用图，这些都可以在全国范围内使用。

（2）经各省（市）、自治区基建主管部门批准的通用图，可在本地区使用。

（3）各设计单位编制的通用图集称为"院标"，可在本单位内部使用。

六、看图的方法、要点和注意事项

1. 看图的方法

归纳起来是六句话，"由外向里看，由大到小看，由粗到细看，图样（详图）与说明穿插看，建施与结施对着看，水电设备最后看"。

一套图纸到手后，先把图纸分类，如建施、结施、水电设备安装图和相配套的标准图等，看过全部的图纸后，对该建筑物就有了一个整体的概念。然后再针对性地细看本工程图纸的内容。砌筑工要重点了解砌体基础的深度、大放脚情况、墙身情况，使用的材料、砂浆类别，是清水墙还是混水墙，每层多高，圈梁、过梁的位置，门窗洞口位置和尺寸，楼梯和墙体的关系，特殊节点的构造，厨卫间的要求，注意预留孔洞和预埋件，墙体的锚拉情况等。

2. 看图的要点

全套图纸，不能孤立地看单张图纸，还要注意图纸间的联系。看图要注意如下要点：

（1）平面图

1）要从首层看起，逐层向上直到顶层，而且首层平面图要详细看，这是平面图最重要的一层。

2）看平面图的尺寸，先看控制轴线间尺寸。把轴线关系搞清楚，弄清开间、进深的尺寸和墙体的厚度，门垛尺寸，再看外形尺寸，逐间逐段核对有无差错。

3）核对门窗尺寸、编号、数量及过梁的编号和型号。

4）看清楚各部位的标高，复核各层标高并与立面图、剖面图对照是否吻合。

5）弄清各房间的使用功能，加以对比，看是否有什么不同之处及墙体、门窗增减情况。

6）对照详图看墙体、柱的轴线关系，是否有偏心轴线的情况。

（2）立面图

1）对照平面图的轴线编号，看各个立面图的表示是否正确。

2）将四个立面图对照起来看，是否有不交圈的地方。

3）弄清外墙装饰所采用的材料及使用范围。

（3）剖面图

1）对照平面图核对相应剖面图的标高是否正确，垂直方向的尺寸与标高是否符合，门窗洞口尺寸与门窗表的数字是否吻合。

2）对照平面图校核轴线的编号是否正确，剖切面的位置与平面图的剖切符号是否符合。

3）校对各层楼地面、屋面的做法与设计说明并与立面图对照是否有矛盾。

（4）详图

1）查对索引符号，明确使用的详图，防止差错。

2）查找平、立、剖面图上的详图部位，对照轴线仔细核对尺寸、标高，避免错误。

3）认真研究细部构造和做法，选用材料是否科学，施工操作有无困难。

第二节　设备安装工程施工图知识

一、设备安装工程施工图常见图例

(1) 螺栓图例，见表 1-1。
(2) 焊缝图例，见表 1-2。
(3) 型钢符号及标注方法，见表 1-3。

常见的螺栓图例　　　　　　　　　　　　　　　　　　表 1-1

名称	图例	名称	图例
永久螺栓		椭圆形螺栓孔	
安装螺栓		高强螺栓	
螺栓圆孔			

常见的焊缝图例　　　　　　　　　　　　　　　　　　表 1-2

焊缝符号	符号意义	焊缝符号	符号意义
	h—焊缝高度 △—焊缝截面(角焊缝)		相同焊缝符号
	现场安装焊接符号(不注时表示工厂制作焊缝)		S—断续焊缝中距 L—焊缝长度

型钢符号及标注方法　　　　　　　　　　　　　　　　表 1-3

名称	符号	图形画法	文字代号	注法
钢板	—		$\dfrac{钢板宽 \times 厚}{长}$	-50×6 $l=1800$

名称	符号	图形画法	文字代号	注法
等边角钢	∟		$\angle b \times d$ $l=$	$\angle 50 \times 5$ $l=1800$
不等边角钢	∟		$\angle B \times b \times d$ $l=$	$\angle 90 \times 56 \times 6$ $l=1800$
工字钢	I		$I N$ $l=$	$I 10$ $l=1800$
槽钢	[		$[N$ $l=$	$[10$ $l=1800$

二、设备安装工程施工图

1. 设备安装施工图组成

设备安装工程施工图由设备安装平面图、工艺流程图、设备安装说明等基本图纸和表明各局部的加工详图、具体要求的详图所组成。各图纸的特点如下：

（1）设备安装平面图。

表达工艺流程图上的各种设备在建筑物内（外）的平面布置、安装的具体位置、编号、设备名称及规格型号等。

（2）工艺流程图。

在设备安装施工图中，用以表明生产某一产品的全部生产过程的图称为工艺流程图。它明确了满足生产工艺要求的主要设备、附属设备、工艺管道、介质的输入和输出流向、各种阀门及仪表装置等在生产过程中的作用。

（3）总装图和部件图。

1）总装图表明设备各部件的名称、位置、组装尺寸、装配精度及总装配后的质量标准。

2）部件图是在总装图的基础上，绘出该部件的详图。它表明该部件的加工精度、制作方法、材质及尺寸等。

2. 设备安装施工图的识读方法

（1）首先应识读设备平面图，弄清设备在平面上的位置。然后利用设计单位所列的设备表对照图上设备名称进行识读，以检查设备编号、名称、规格型号与设备安装位置是否与设备表项目吻合。

（2）除了定型设备安装外，从设备清单和非标设备加工清单上可弄清该工程非标准件的制作、安装名称、数量、材质及安装位置，再从有关设备施工图上找出需制作安装的非标构件，弄清加工的吨位、材质、安装制作要求及其安装位置等。

（3）根据设备基本图，对照设备部件详图，找出部件的安装位置及装配精度或加工精度等。

（4）查阅与基本图有关的通用图（标准图）。一般设计单位所采用的通用图在施工图中均省略，不再画图，只标出其通用图的代号，因此，识图时，对所需查用的通用图，应该查对其型号、规格和具体尺寸是否与设备基本图相符。

三、设备安装施工平面图

设备安装施工平面图是设备安装施工图的一部分。安装起重工技师应能看懂与起重吊装有关的设备安装施工平面图。

1. 设备安装总平面图

设备安装总平面图是根据设计的总布局来绘制的，设计的工艺流程是布置总平面图的依据。因此，看图前需对所要安装的设备工艺过程和作用有所了解，对设备的性能、尺寸、重量都应做到心中有数，以便尽快地掌握各部图纸，顺利地在总平面图中找出所有设备的位置，了解安装有关数据，决定吊装方案，做好准备工作。

看图前应做好下列准备工作：

（1）准备好比例尺、铅笔及记录纸或笔记本，对项目有关数据做好计算整理。

（2）先看说明书、图例、图纸总目录，了解所有设备在工艺流程中的作用。

（3）看安装图之前，应先看一下土建图，有一个大概印象，以便从土建图中了解设备基础的情况、土建结构、吊装机械所处的位置，对运输路线有一个初步印象，对总平面图中的道路、水和电源有一个大致的了解。

在以上准备工作完成后就可以按看图步骤进行看图。

2. 联动设备的安装平面图识读

在看联动设备的安装平面图前，需对较复杂联动设备的工作原理有所了解，对工艺过程、设备性能有一个初步概括印象，在这个基础上去看图。从整体到分件看出各部件的连接关系和方法，各部件联动的方法，有多少工位，确定拆卸及吊装方法，以便编制钳工及起重工的人力组织，编制整体吊装方案及安全措施。

联动设备的安装平面图内容及看图注意事项：

（1）基础平面图。

基础平面图标明了设备基础标高、基础尺寸、地脚螺栓位置、数量以及距离尺寸。

（2）设备安装平面图。

设备安装平面图标明了设备中各部件和机构的位置、尺寸、标高等，它是设备安装工作中的主要依据。看图时应注意各部件之间关系，包括上或下、左或右以及配合间隙等，并注意与基础图的对应关系。

（3）放大详图、零部件图。

有些部件或机构尺寸很小，在平面图中不易看懂或看不清楚，通常是用简单图代之而另附这些简图的放大图、部件图。在看图时，要注意对照索引符号和细部尺寸。

第三节　总平面图图例

总平面图图例见表1-4。

总平面图图例 **表 1-4**

图例	名称	图例	名称
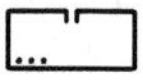	新设计的建筑物 左下角以点数表示层数	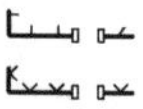	围墙及大门 上图表示砖石，混凝土及金属材料围墙下图表示镀锌钢丝网、篱笆等围墙，如仅表示围墙时大门取消
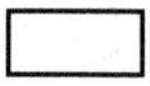	原有的建筑物 拟利用的应注明	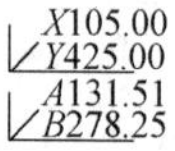X105.00 Y425.00 A131.51 B278.25	坐标 上图表示测量坐标 下图表示施工坐标
	计划扩建的建筑物或预留地 （画中虚线表示）	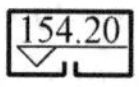154.20	室内标高
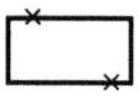	拆除的建筑物 （画细线表示）	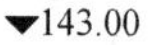143.00	室外整平标高
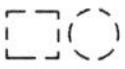	地下建筑物或构筑物 （画粗虚线表示）	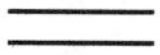	原有的道路
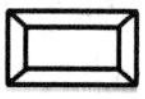	散状材料 露天堆场	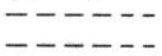	计划的道路
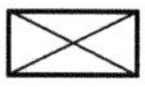	其他材料露天堆场或露天作业场	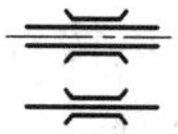	公路桥 铁路桥
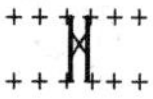	露天桥式起重机	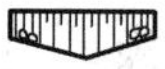	护坡
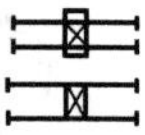	龙门起重机 上图表示有外伸臂 下图表示无外伸臂	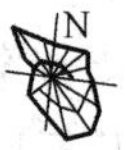N	风向频率玫瑰图
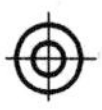	烟囱 （实线表示烟囱下部直径虚线表示基础，必要时可注写烟囱高度和上下口直径）	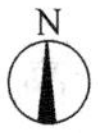N	指北针

第二章 力学基础知识

在设备安装起重操作中，处处涉及力学知识，各项起重运输作业，往往需要通过力学的基本理论去分析起重机具或被吊设备的受力情况，从而达到科学、合理、经济、安全地解决设备的运输及吊装问题。

第一节 力的基本性质

一、力的作用效果

力促使或限制物体运动状态的改变，称力的运动效果；促使物体发生变形或破坏，称力的变形效果。

二、力的三要素

力的大小、力的方向和力的作用点的位置，称力的三要素。

三、作用与反作用原理

力是物体之间的作用，其作用力与反作用力总是大小相等，方向相反，沿同一作用线相互作用于两个物体。

四、力的合成与分解

作用在物体上的两个力用一个力来代替，称力的合成。力可以用线段表示，线段长短表示力的大小，起点表示作用点，箭头表示力的作用方向。力的合成可用平行四边形法则，如图 2-1 所示，P_1 与 P_2 合成 R。利用平行四边形法则也可将一个力分解为两个力，如将 R 分解为 P_1、P_2。但是力的合成只有一个结果，而力的分解会有多种结果。

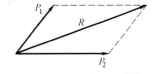

图 2-1 力的合成与分解

五、约束与约束反力

工程结构是由很多杆件组成的一个整体，其中每一个杆件的运动都要受到相连杆件、节点或支座的限制或称约束。约束杆件对被约束杆件的反作用力，称约束反力。

第二节 平面力系的平衡条件及其应用

一、物体的平衡状态

物体相对于地球处于静止状态和等速直线运动状态，力学上把这两种状态都称为平衡状态。

二、平衡条件

物体在许多力的共同作用下处于平衡状态时，这些力（称为力系）之间必须满足一定的条件，这个条件称为力系的平衡条件。

1. 二力的平衡条件

作用于同一物体上的两个力大小相等，方向相反，作用线相重合，这就是二力的平衡条件。

2. 平面汇交力系的平衡条件

一个物体上的作用力系，作用线都在同一平面内，且汇交于一点，这种力系称为平面汇交力系。平面汇交力系的平衡条件是，$\sum X=0$ 和 $\sum Y=0$，如图 2-2 所示。

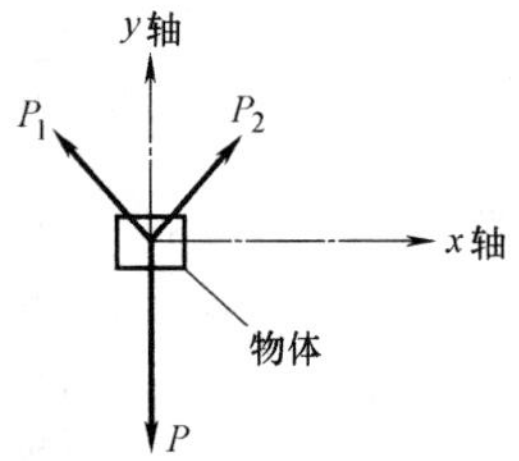

3. 一般平面力系的平衡条件

一般平面力系平衡条件还要加上力矩的平衡，所以平面力系的平衡条件是 $\sum X=0$、$\sum Y=0$ 和 $\sum M=0$。

三、利用平衡条件求未知力

一个物体重量为 W，通过两条绳索 AC 和 BC 吊着，计算 AC、BC 拉力的步骤为：首先取隔离体，作出隔离体受力图，然后再列平衡方程 $\sum X=0$、$\sum Y=0$，求未知力 T_1、T_2，如图 2-3 所示。

图 2-2　平面汇交力系

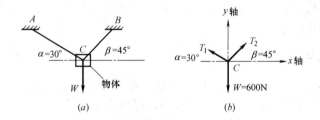

图 2-3　利用平衡条件求未知力
（a）结构示意图；（b）隔离体图

四、静定桁架的内力计算

1. 桁架的计算简图（见图 2-4）

首先对桁架的受力图进行如下假设：

（1）桁架的节点是铰接；

（2）每个杆件的轴线是直线，并通过铰的中心；

（3）荷载及支座反力都作用在节点上。

2. 用节点法计算桁架轴力

先用静定平衡方程式求支座反力 X_A、Y_A、Y_B，再截取节点 A 为隔离体作为平衡对象，利用 $\sum X=0$ 和 $\sum Y=0$ 求杆 1 和杆 2 的未知力。

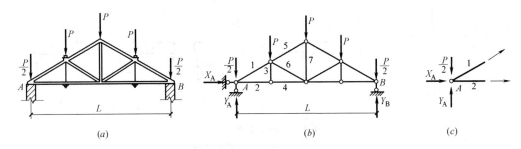

图 2-4　桁架的计算简图

(a) 桁架受力图；(b) 计算简图；(c) 隔离体图

二力杆：力作用于杆件的两端并沿杆件的轴线，称轴力。轴力分拉力和压力两种。只有轴力的杆，称二力杆。

3. 用截面法计算桁架轴力

截面法是求桁架杆件内力的另一种方法（见图 2-5）。

首先，求支座反力 Y_A、Y_B、X_A；然后在桁架中作一截面，截断三个杆件，出现三个未知力：N_1、N_2、N_3。可利用 $\sum X=0$，$\sum Y=0$ 和 $\sum M_G=0$，求出 N_1、N_2、N_3。

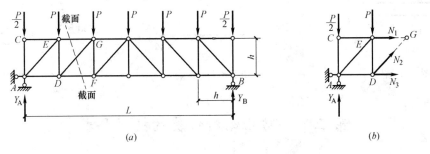

图 2-5　截面法计算桁架杆件内力

(a) 桁架受力图；(b) 隔离体图

五、用截面法计算单跨静定梁的内力

杆件结构可以分为静定结构和超静定结构两类。可以用静力平衡条件确定全部反力和内力的结构，叫做静定结构。

1. 梁在荷载作用下的内力

图 2-6 所示为一简支梁，梁受弯后，上部受压，产生压缩变形；下部受拉，产生拉伸变形。V 为 1-1 截面的剪力，$\sum Y=0$，$V=Y_A$。1-1 截面上有一拉力 N 和一压力 N，形成一力偶 M，此力偶称 1-1 截面的弯矩。根据 $\sum M_0=0$，可求得 $M=Y_A \cdot a$。梁的截面上有两种内力，即弯矩 M 和剪力 V。

2. 剪力图和弯矩图

见图 2-7，找出悬臂梁上各截面的内力变化规律，可取距 A 点为 x 的任意截面进行分析。首先取隔离体，根据 $\sum Y=0$，剪力 $V(x)=P$；$\sum M=0$，弯矩 $M(x)=-P \cdot X$。不同荷载下、不同支座梁的剪力图和弯矩图，如图 2-8 和图 2-9 所示。

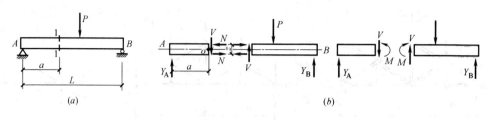

图 2-6　简支梁受力图

(a) 梁的受力图；(b) 隔离体图

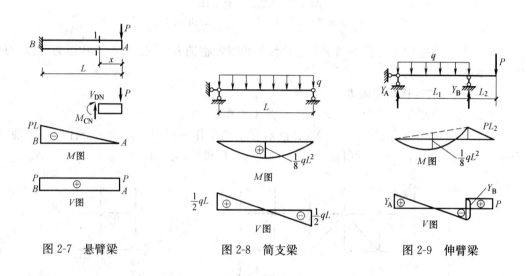

图 2-7　悬臂梁　　　　图 2-8　简支梁　　　　图 2-9　伸臂梁

第三节　防止结构倾覆的技术要求

一、力偶、力矩的特性

1. 力矩的概念

力使物体绕某点转动的效果要用力矩来度量。力矩＝力×力臂，计算式为 $M=P\cdot a$。转动中心称力矩中心，力臂是力矩中心 O 点至力 P 的作用线的垂直距离 a，如图 2-10 所示。力矩的单位是 N・m 或 kN・m。

2. 力矩的平衡

物体绕某点没有转动的条件是，对该点的顺时针力矩之和等于逆时针力矩之和，即 $\sum M=0$，称力矩平衡方程。

3. 力矩平衡方程的应用

利用力矩平衡方程求杆件的未知力（见图 2-11）。

$\sum M_A=0$，求 R_B；

$\sum M_B=0$，求 R_A。

4. 力偶的特性

两个大小相等、方向相反、作用线平行的特殊力系称为力偶，如图 2-12 所示。力偶矩等于力偶的一个力乘力偶臂，即 $M=\pm P\times d$。力偶矩的单位是 N·m 或 kN·m。

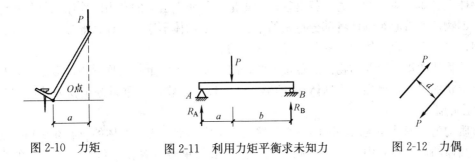

图 2-10　力矩　　　　图 2-11　利用力矩平衡求未知力　　　　图 2-12　力偶

5. 力的平移法则

作用在物体某一点的力可以平移到另一点，但必须同时附加一个力偶，使其作用效果相同，如图 2-13 所示。

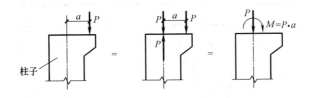

图 2-13　力的平移法则

二、防止构件（或机械）倾覆的技术要求

对于悬挑构件（如阳台、雨篷、探头板等）、挡土墙、起重机械等防止倾覆的基本要求是：引起倾覆的力矩 M（倾）应小于抵抗倾覆的力矩 M（抗）。为了安全，可取 M（抗）$\geqslant(1.2\sim1.5)$ M（倾）。

第四节　重心、摩擦力与惯性

一、重心

在起重作业中，设备的起重搬运吊装都须考虑到物体的重心，在吊装作业中，重心位置的不正确会造成钢丝绳受力不均，甚至设备在吊装过程中有发生倾覆的危险。

我们知道，任一种物质组成的质量与它的体积之比，叫做这种物质的密度。其表达公式为：

$$物体的质量＝物体的体积\times物体的密度。$$

物体的质量和重量是两个不同的概念，质量仅有大小，没有方向，它是标量，而重量是一种力，它是由于地球对物体的吸引而产生的。与所有的力一样，重力也是矢量，质量和重量的关系公式为：

$$G = m \cdot g \tag{2-1}$$

式中　m——质量（kg）；

　　　g——重力加速度（m/s²）；

G——重力（N）。

物体上各质点重力的合力，就是物体的重量，各质点重力的合力的作用点就是物体的重心，即物体的重心是物体各部分重量的中心。一个物体不论处在什么地方，不论放置方位如何，它的重心在物体内部的位置是不变化的。

匀质物体的重心位置与物体的重量无关，故匀质物体的重心又称形心。形心就是物体的几何形状的中心，例如，圆球体/壳的形心就是球心。物体的重量等于物体的体积与该物体密度的乘积。

材质均匀、形状规则的物体的重心位置较易确定，如长方形物体的重心在对角线的交点上，圆棒的重心在其中间截面的圆心上，三角形的重心位置在三角形三条中线的交点上，简单图形的物体重心位置可查表 2-1 或参阅相关手册。如果物体是由几个基本规则的形体所组成，可分别求出形体的重心，然后由重心坐标公式求出。

简单形状物体的重心位置 表 2-1

名　　称	图　　形	重 心 位 置
任意三角形		$y_c = \dfrac{h}{3}$
任意梯形		$y_c = \dfrac{h(a+2b)}{3(a+b)}$
扇形		$y_c = \dfrac{z \cdot r \cdot \sin\alpha}{2\alpha}$
弓形		$y_c = \dfrac{2r^3 \cdot \sin^3\alpha}{3A}$ $A = \dfrac{r^2(2\alpha - \sin 2\alpha)}{\alpha}$
部分圆环		$y_c = \dfrac{2(R^2 - r^3) \cdot \sin\alpha}{3(R^2 - r^2) \cdot \alpha}$
半圆		$y_c = \dfrac{4R}{3\pi}$

名　称	图　形	重 心 位 置
圆锥体	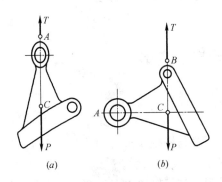	$z_c = h/4$
半圆球		$z_c = 3r/8$

如果物体的形状复杂或分布不均匀，其重心位置利用重心坐标位置计算较复杂，一般常用实验方法来确定，确定物体重心位置的实验方法有悬挂法和称重法。

1. 悬挂法

求图 2-14 所示形状复杂的薄板的重心时，可先将板悬挂于任一点 A（图 2-14（a））。根据二力平衡条件，重心必在过悬挂点的铅垂线上，于是可在板上画出此线。然后将板悬挂于另一点 B（图 2-14（b）），同样可画通过重心的另一铅垂线，两线交点 C 即为重心位置。

2. 称重法

此法是用磅秤称出物体的重量 G，然后将物体的一端支于固定的支点 A，另一端支于磅秤上（图 2-15）。量出两支点的水平距离 l 并读出磅秤上的读数 P，力 G 和 P 对 A 点的力矩的代数和应等于零。因此，物体重心 C 至支点 A 的水平距离为：

$$X_c = \frac{P \cdot l}{G}$$

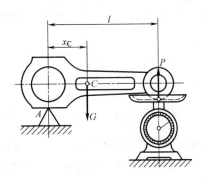

图 2-14　悬挂法确定物体重心　　　　图 2-15　称重法求物体重心

综上所述，确定设备或构件的重心的方法有：

（1）简单规则体的重心可查表或相关手册求得。

（2）组合规则体由简单规则体组成，先求出每个简单规则体的重心位置，然后按各部分重量比例求出整体重心。

（3）不规则体用实验方法测定，如悬挂法和称重法等。

二、摩擦力

1. 滑动摩擦

当两个接触物体沿接触面相对运动或有运动趋势时，在接触面上就有相互阻碍或阻止滑动的现象发生，这种现象称滑动摩擦。在接触面间产生的相互阻碍或阻止滑动的力叫做滑动摩擦力，简称摩擦力。

实验证明，最大静滑动摩擦力的大小与两物体接触面上的垂直压力成正比，解摩擦问题时与前面力学问题类似，都必须满足力系的平衡条件。只是需考虑摩擦力，摩擦力总是沿着接触面的切线并与物体相对运动及运动趋势方向相反。

2. 滚动摩擦

在设备运输中，因滑动摩擦力较大，所以在实际使用中，往往把设备放在托排上，借助滚杠使设备移动，此时产生滚动摩擦力，滚动摩擦力一般较滑动摩擦力小。

三、惯性

从物理学牛顿第一定律中我们知道，任何物体在没有受到别的物体的作用时，都具有保持原来运动状态的性质，这种性质在力学中称为物体的惯性。

如果要使物体改变原来的运动状态，如使静止的物体运动，或使运动着的物体改变方向或速度，就必须对该物体施加外力。

在设备吊装工作中，要完成拖运、竖立、旋转、落位等设备安装程序，设备要经过多次运动变化，重物受外力作用后，由静止状态开始运动或在运动中受到制动力后，又由运动状态改变为静止状态，每次运动性质的改变均有惯性力的存在，因此惯性力在起重作业中是必须考虑的问题。

在实际起重工作中，考虑到起升机构起动或制动时产生的变化，会使设备和吊具产生一定的惯性力，因此在计算载荷时须加入一定动载系数来对惯性力进行补偿，这样可不再对惯性力作单独计算，以使问题得以简化。

第五节　材料的基本变形

一、拉伸与压缩

当杆件的两端受到大小相等、方向相反、作用线与杆轴线重合的两个拉力作用时，杆件产生轴向伸长，这种变形叫做拉伸变形，如图 2-16 (a) 所示。

当杆件的两端受到大小相等、方向相反、作用线与杆轴线重合的两个压力作用时，杆件产生轴向缩短，这种变形叫做压缩变形，如图 2-16 (b) 所示。

二、剪切

当杆件受大小相等、方向相反、作用线相距很近的一对横向力作用时，杆件上两力之间的部分沿外力方向发生相对错位，杆件的这种变形称为剪切变形。如图 2-17 所示的螺栓变形就属剪切变形。

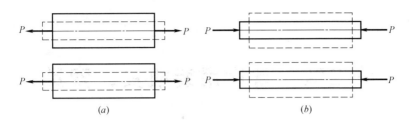

图 2-16　拉伸与压缩变形图

（a）拉伸变形；（b）压缩变形图

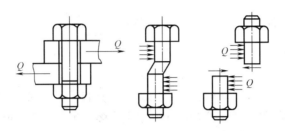

图 2-17　螺栓所受的剪切和变形

三、弯曲

当杆件受到与杆轴线垂直的外力或过轴线平面内的力偶作用时，杆的轴线由原来的直线变成曲线，这种变形称为弯曲变形。如桥梁、房屋横梁、水平管道和桥式吊车横梁等，在载荷作用下产生的变形都属于弯曲变形。

四、扭转

杆件扭转变形是由大小相等，方向相反，作用面都垂直于杆轴的两个力偶引起的，表现为杆件的任意两个横截面发生绕轴线的相对运动。

第三章 常用吊装机具、索具

第一节 吊 装 用 绳

一、麻绳与化学纤维绳

1. 麻绳 (白棕绳)

(1) 麻纤维

麻是剑麻、蕉麻、大麻、亚麻、苎麻、黄麻、模麻、罗布麻、棕麻等植物的统称。麻纤维是从各种麻类植物取得的纤维,包括一年生或多年生草本双子叶植物的韧皮纤维和单子叶植物的叶纤维。韧皮纤维作物主要有大麻、亚麻、苎麻、黄麻、罗布麻和模麻等。其中亚麻、罗布麻等胞壁不木质化,纤维的粗细长短同棉相近,可作纺织原料。黄麻、模麻等韧皮纤维胞壁木质化,纤维短,只适宜纺制绳索和麻袋等。叶纤维作物主要有剑麻、蕉麻,叶纤维比韧皮纤维粗硬,只能制作绳索等。果实纤维有椰子纤维。麻类植物的纤维,是各种绳索的重要原料。

(2) 麻绳的命名

麻绳的命名通常按制作采用的原料和加工工艺命名,如:白棕绳(剑麻绳)、黄麻绳、棕绳、蕉麻绳(马尼拉绳)、亚麻绳是按制作原料命名的,油麻绳是按加工工艺命名的。

(3) 麻绳的作用

麻绳在建筑工地应用广泛,起重作业中主要用于起吊轻型构件(如钢支撑)和作为受力不大的缆风绳、溜绳、捆绑物体绑扎缆等,还可用来作为辅助作业的牵拉溜绳和起吊小于500kg构件的吊绳。当起吊物体或重物时,麻绳拉紧物体,以保持被吊物体的稳定和在规定的位置就位。麻绳具有质地轻软,使用方便,易于捆绑、结扣及解脱方便等优点。缺点有:强度低,只有相同直径钢丝绳的10%左右;易磨损,受潮易腐烂、霉变,使用中应避免受潮,新旧麻绳强度变化大等。

(4) 麻绳分类

麻绳按拧成的股数,可分为三股、四股和九股;按浸油与否,又分素绳和浸油麻绳两种。

(5) 浸油、受潮对麻绳的影响程度

1) 浸油麻绳有耐腐蚀和防潮优点,但重量大,质料变硬,不易弯曲,强度低,不易腐烂。不浸油麻绳在干燥状态下,弹性和强度均较好,但受潮后易腐烂,因而使用年限较短。

2) 浸油的麻绳强度比不浸油的绳约降低10%~20%,因此在吊装作业中少用。

3) 受潮后麻绳,使用时其强度约降低50%。

4) 不浸油的素绳在干燥状态弹性和强度较好，因此吊装起重中大多使用不浸油麻绳。

（6）麻绳使用要点及注意事项

1) 因麻绳强度低，容易磨损和腐蚀，因此只能用于手动起重设备、临时性轻型构件吊装作业中捆绑物件和受力不大的缆风绳、溜绳等。机动的机械一律不得使用麻绳。

2) 麻绳穿绕滑车时，滑轮直径应大于绳子直径的 10 倍，绳子有结头时严禁穿过滑轮。避免损伤麻绳发生事故，长期在滑车上使用的白棕绳，应定期改变穿绳方向，使绳磨损均匀。

3) 成卷麻绳在拉开使用时，应先把绳卷平放在地上，将有绳头的口面放在底下，从卷内拉出绳头（如从卷外拉出绳头，绳子容易扭结），然后根据需要的长度切断，切断前应用钢丝或细麻绳将切断口两侧扎紧，以防止切断后绳头松散。

4) 捆绑中遇有棱角或边缘锐利的构件时，应垫以木板或软性衬垫，如麻袋等物。以免棱角损伤绳子。

5) 麻绳应放在干燥和通风良好的地方，不要和油漆、酸、碱等化学物品接触，以防腐蚀。

6) 使用麻绳时应尽量避免在粗糙的构件上或地上拖拉，并防砂、石屑嵌入绳的内部磨伤麻绳。

7) 在使用过程中，发生扭结，应立即抖动使其顺直，否则，绳子带结受力会刻断。如有局部受伤的麻绳，应切去损伤部分。

8) 当绳长度不够时，不宜打结接长，应尽量采用编结接长。编结绳头绳套时，编结前每股头上应用细绳扎紧。编结后相互搭接长度：绳套不能小于麻绳直径的 15 倍，绳头接长不小于 30 倍。

9) 有绳结的麻绳不应通过狭窄的滑车，以免受到挤压而影响麻绳的使用。

10) 使用中，不得超过其许用拉力。

（7）白棕绳、麻绳的规格参数

白棕绳是用优质剑麻纤维制作的。剑麻纤维以拉力强、坚韧耐磨成为世界公认最优质的植物纤维。剑麻制作的缆绳有光泽，弹性大，拉力强，耐摩擦，防打滑，海水久浸不腐，是渔业、航海、工矿吊重用绳索的最佳选择。

1) 绳索应由新原料制成，白棕绳由剑麻基纤维搓成线，线再搓成股，最后由股拧成绳，并不得涂油。绳索及绳股应是连续不断而无捻接的。

2) 除特殊注明外，绳索结构是绳纱 Z 捻向，绳股 S 捻向，绳索 Z 捻向。

3) 三股绳和四股绳的形状如图 3-1、图 3-2 所示。

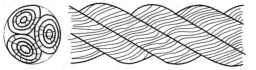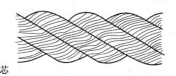

图 3-1 三股绳（A 类）的形状　　　　图 3-2 单绳芯四股绳（B 类）的形状

4) 绳索的最大捻距：三股绳为公称直径的 3.5 倍，四股绳为公称直径的 4.5 倍。

5) 绳索的线密度及最低破断拉力应符合表 3-1 的要求。

6）绳索含油率一般不超过15％。

7）白棕绳的质量及强度应符合国家标准。剑麻白棕绳线密度及允许偏差、破断拉力见表3-1，素麻绳、油浸麻绳的技术参数见表3-2。

白棕绳线密度及允许偏差、破断拉力　　　　　　　　　　　　　　　　表3-1

直径（mm）	线密度			最低断裂拉力(kN)			绳捆外形尺寸(mm)		
	公称值（kg/m）	标准重量（kg/200m）	允许偏差（％）	优等品	一等品	合格品	内径	外径	高度
6	0.029	7.15	±10	2.55	2.40	2.30	120	318	260
8	0.054	12.1		4.73	4.50	4.25	120	412	260
10	0.068	17.65		6.22	5.90	5.60	120	412	280
12	0.105	24.2	±8	9.36	8.90	8.40	120	412	300
14	0.140	31.9		12.60	12.00	11.30	120	470	300
16	0.190	41.8		17.70	16.80	15.90	130	522	315
18	0.220	53.9		21.00	19.90	18.90	130	522	400
20	0.275	66		27.90	26.50	25.10	150	585	395
22	0.330	78.1		33.40	31.70	30.10	150	585	475
24	0.400	90.75		39.90	37.90	35.90	150	659	440
26	0.470	105.5		46.40	44.10	41.80	150	659	515
28	0.530	119.9		52.20	49.60	47.00	150	680	560
30	0.625	138.6	±5	59.80	56.80	53.80	150	732	550
32	0.700	157.3		67.30	63.90	60.60	150	816	500
36	0.890	199.1		85.30	81.10	76.80	150	869	555
40	1.100	246.4		103.00	97.90	95.90	150	942	580
44	1.340	298.1		125.00	118.80	112.50	180	1042	580
48	1.580			145.00	137.80	130.50			
52	1.870			170.00	161.50	153.00			
56	2.150			195.00	185.30	175.50			
60	2.480			222.00	210.90	199.80			

素麻绳、油浸麻绳技术参数　　　　　　　　　　　　　　　　表3-2

直径（mm）	素麻绳				油浸麻绳			
	普通		加重		普通		加重	
	每百米重（kg/100m）	最小破断拉力(kN)	每百米重（kg/100m）	最小破断拉力(kN)	每百米重（kg/100m）	最小破断拉力(kN)	每百米重（kg/100m）	最小破断拉力(kN)
9.6	—	—	7	5.35	—	—	8.3	5.05
11.1	8.75	6.10	8.85	6.55	10.3	5.75	10.4	6.25
12.7	11.7	7.75	11.9	8.35	13.8	7.35	14.6	7.95
14.3	14.6	9.15	14.75	10.20	17.2	8.95	17.4	9.70
15.9	17.4	11.20	17.7	12.10	20.5	10.65	20.9	11.50

直径 (mm)	素麻绳				油浸麻绳			
	普通		加重		普通		加重	
	每百米重 (kg/100m)	最小破断拉力(kN)	每百米重 (kg/100m)	最小破断拉力(kN)	每百米重 (kg/100m)	最小破断拉力(kN)	每百米重 (kg/100m)	最小破断拉力(kN)
19.1	24.8	15.70	26.6	17.90	29.3	14.90	31.4	17.05
20.7	29.3	17.55	31.0	19.84	34.6	16.65	36.6	18.90
23.9	39.5	23.93	41.5	26.55	46.6	22.26	49.0	25.02
28.7	57.2	34.33	60	37.58	67.5	32.23	70.8	35.41

（8）麻绳的允许拉力计算

1）麻绳的允许拉力，即麻绳使用时允许承受的最大拉力，它是安全使用麻绳的主要参数。为保证起重作业安全，须对所使用的麻绳进行强度验算，其验算公式如下：

$$S = \rho/k$$

式中　S——麻绳的允许拉力（N）

　　　ρ——最低断裂拉力，根据麻绳品种及直径而定，旧麻绳的破断拉力取新绳的 $40\% \sim 50\%$；

　　　k——麻绳的安全系数，见表 3-3。

麻绳的安全系数　　　　　　　　　　　　　　表 3-3

用途		安全系数 k
一般吊装	新绳	3
	旧绳	6
用作吊索、缆风绳和穿滑轮组	新绳	3
	旧绳	12
重要的起重吊装（新绳）		10

2）在施工现场无资料可查时，可用下列经验公式求其近似值：

$$破断负荷 = 58.8 \times d^2 (N)$$
$$安全负荷 = 9.8 \times d^2 (N)$$

式中　d——麻绳的直径（mm）。

3）麻绳的允许拉力一般可采用下列经验公式估算：

麻绳可以承受的拉力 S（负荷能力）用下式估算：

$$S \leqslant \pi d^2/4\sigma$$

式中　S——麻绳能承受的拉力（N）；

　　　d——麻绳的直径（mm）；

　　　σ——麻绳的许用应力（MPa），见表 3-4。

麻绳的许用应力（MPa）　　　　　　　　　　表 3-4

种类	起重用	捆绑用
综合麻绳	5.5	5
白棕绳	10	5
浸油麻绳	9	4.5

2. 化学纤维绳

除了常规麻绳外，目前有各种规格的化学纤维绳（直径 $\phi 3 \sim \phi 106mm$），也可用于吊装及辅助作业。化学纤维绳又称尼龙绳、合成纤维绳。目前多采用锦纶、涤纶、丙纶、维尼纶、聚乙烯、绝缘蚕丝等几种纤维材料合制而成，可以作吊装 $0.5 \sim 100t$ 重物用绳。吊绳长度可根据需要到厂家定做。

（1）化学纤维绳的作用

化学纤维绳是由高性能纤维，经过特定工艺加工由"锦纶、涤纶、丙纶"合成为高分子强力绳，是目前强度最高的绳索。该绳索的出现取代了对传统钢丝绳的应用，是理想的钢丝绳换代产品。它被广泛应用于结构、设备安装等，安装表面光洁的钢构件、设备、软金属制品、磨光的销轴或其他表面不允许磨损的物体。防静电长丝绳可用于有防火要求的场合。

（2）化学纤维绳的分类

1）按制作方式分，分为编织绳和绞制绳两大类。

2）按使用情况分，分为空心绳、耐酸绳、耐碱绳、防火绳、阻燃绳、安全绳、防护绳、吊绳、缆绳、牵引绳、吊装绳、绝缘绳、电工放线绳。

3）按专业特点分，有迪尼绳、芳纶纤维绳。可用于吊索、悬索、缆绳索、船舶缆索。

（3）化学纤维绳特点

1）强度大：比同等直径钢丝绳强度高 1.5 倍左右。

2）重量轻：能浮于水面，它的吸水率只有 4%，比同等直径钢丝绳轻 85% 左右。

3）抗腐蚀：优异的耐用性，耐海水，耐化学药品，耐紫外线辐射，耐温差反复等。

4）易操作：直径小，强力高，重量轻，便携带，易操作，在特定情况下能明显提高其机动、快速反应能力。抗水、抗昆虫，承受压力均匀等。

5）弹性好：具有质地柔软，能减少冲击。

6）对温度的变化较敏感，不要放在潮湿的地面或强烈的阳光下保存，不能使用于高温场所。

7）轻便、快捷、耐磨，碰撞不会产生火花。

（4）化学纤维绳使用注意事项

化学纤维绳有下列情况之一时，不宜再继续使用：

1）已断股者。

2）有显著的损伤或腐蚀者。

（5）常用化学纤维绳拉力

常用化学纤维绳极限拉力和使用拉力见表 3-5。

常用化学纤维绳拉力表　　　　　　　　　　　　　　　表 3-5

直径（mm）	锦纶		涤纶		维尼纶	
	极限拉力（t）	使用拉力（t）	极限拉力（t）	使用拉力（t）	极限拉力（t）	使用拉力（t）
$\phi 3 \sim \phi 4$	0.28	0.07	0.25	0.06	0.14	0.04
$\phi 5 \sim \phi 6$	0.50	0.13	0.48	0.12	0.25	0.06
$\phi 7 \sim \phi 8$	0.80	0.20	0.76	0.19	0.40	0.10

直径(mm)	锦纶		涤纶		维尼轮	
	极限拉力(t)	使用拉力(t)	极限拉力(t)	使用拉力(t)	极限拉力(t)	使用拉力(t)
$\phi9\sim\phi10$	1.12	0.28	1.04	0.26	0.55	0.14
$\phi11\sim\phi12$	1.6	0.40	1.45	0.37	0.8	0.20
$\phi13\sim\phi14$	2.5	0.63	2.3	0.58	1.25	0.31
$\phi15\sim\phi16$	3	0.75	2.8	0.7	1.5	0.4
$\phi17\sim\phi18$	3.7	0.93	3.4	0.86	1.85	0.46
$\phi19\sim\phi20$	4.8	1.2	4.4	1.1	2.4	0.6
$\phi21\sim\phi22$	5.8	1.5	5.2	1.3	2.9	0.72
$\phi23\sim\phi24$	7	1.8	6.4	1.6	3.5	0.87
$\phi25\sim\phi26$	8	2	7.6	1.9	4	1
$\phi27\sim\phi28$	9	2.2	8.4	2.1	4.5	1.1
$\phi29\sim\phi30$	10.01	2.5	9.6	2.4	5	1.25
$\phi31\sim\phi32$	11.5	2.9	10.08	2.7	5.7	1.4
$\phi33\sim\phi34$	12	3	11.2	2.8	6	1.5
$\phi35\sim\phi36$	14	3.5	13.2	3.3	7	1.7
$\phi37\sim\phi38$	16	4	14.8	3.7	8	2
$\phi39\sim\phi40$	17.5	4.4	16.4	4.1	8.8	2.2
$\phi41\sim\phi42$	19	4.7	17.6	4.4	9.5	2.4
$\phi43\sim\phi44$	20	5	18.8	4.7	10	2.5
$\phi45\sim\phi46$	22	5.5	20.4	5.1	11	2.75
$\phi47\sim\phi48$	23	5.7	21.2	5.3	11.5	2.9
$\phi49\sim\phi50$	25	6.3	23.2	5.8	12.5	3.1
$\phi51\sim\phi52$	26	6.5	24.4	6.1	13	3.3
$\phi53\sim\phi54$	27.5	6.9	25.6	6.4	13.7	3.4
$\phi55\sim\phi56$	29	7.3	26.8	6.7	14.5	3.6
$\phi57\sim\phi58$	30	7.5	28	7	15	3.7
$\phi59\sim\phi60$	31	7.8	28.8	7.2	15.5	3.9
$\phi70\sim\phi80$	45.5	12.5	40.5	9.2	20.2	4.5
$\phi90\sim\phi95$	55	14.2	45.8	10.2	25.5	5.5
$\phi100$	60.5	16.5	50.4	12	30.5	6

二、钢丝绳

1. 钢丝绳的概念

钢丝绳是由一定数量高强度碳素钢丝一层或多层的股绕成螺旋状而形成的结构,合成单股即为绳。钢丝绳的丝数越多,钢丝直径越细,柔软性越好,强度也越高,但没有较粗的钢丝耐磨损。

钢丝绳具有强度高，弹性大，韧性好，耐磨损，能够灵活运用，能承受冲击性荷载，工作可靠，在起重吊装工程中得到广泛应用。可用作起吊、牵引、捆绑绳等。

起重机用钢丝绳绳保养、维护、安装、检验和报废要满足起重机钢丝绳保养、维护、安装、检验和报废标准的规定。

2. 钢丝绳的分类

钢丝绳总的分为圆股钢丝绳、编织钢丝绳和扁钢丝绳。其中圆股钢丝绳又可按以下方法进一步分类：

（1）按结构分

1）普通单股钢丝绳。由一层或多层圆钢丝螺旋状缠绕在一根芯丝上捻制而成的钢丝绳。

2）半密封钢丝绳。中心钢丝周围螺旋状缠绕着一层或多层圆钢丝，在外层是由异形丝和圆形丝相间捻制而成的钢丝绳。

3）密封钢丝绳。中心钢丝周围螺旋状缠绕着一层或多层圆钢丝，其外面由一层或数层异形钢丝捻制而成的钢丝绳。

4）双捻（多股）钢丝绳。由一层或多层股绕着一根绳芯呈螺旋状捻制而成的单层多股或多层多股钢丝绳。

5）三捻钢丝绳（钢缆）。由多根多股钢丝绳围绕着一根纤维芯或钢绳芯捻制而成的钢丝绳。

（2）按直径分

1）细直径钢丝绳。直径＜8mm 的钢丝绳。

2）普通直径钢丝绳。直径为 8～60mm 的钢丝绳。

3）粗直径钢丝绳。直径＞60mm 的钢丝绳。

（3）按用途分

1）一般用途钢丝绳（含钢绞线）。

2）电梯用钢丝绳。

3）航空用钢丝绳。

4）钻探井设备用钢丝绳。

5）架空索道及缆车用钢丝绳。

6）起重用钢丝绳。

（4）按表面状态分

包括光面钢丝绳、镀锌钢丝绳、涂塑钢丝绳。

（5）按股的断面形状分

包括圆股钢丝绳、异形股钢丝绳。

（6）按捻制特性分

包括点接触钢丝绳、线接触钢丝绳和面接触钢丝绳。

（7）按捻法分

包括右交互捻、左交互捻、右同向捻、左同向捻和混合捻。

（8）按绳芯分

包括纤维芯和钢芯。纤维芯应用天然纤维（如剑麻、棉纱）、合成纤维和其他符合性能要求的纤维制成；钢芯（又称金属芯），分独立的钢丝绳芯和钢丝股芯。

3. 钢丝绳捻制方法的区分和优缺点

根据捻制方向用两个字母（Z 或 S）表示钢丝绳的捻向，第二个字母表示股的捻向，"Z"表示右捻向，"S"表示左捻向，如图 3-3 所示。

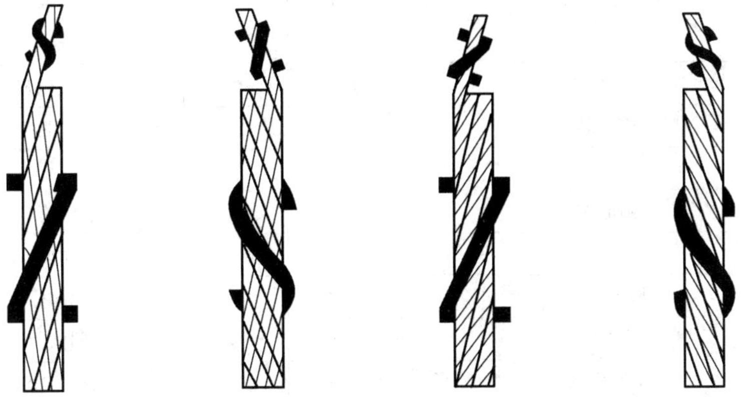

右交互捻 (ZS)　　左交互捻 (SZ)　　右同向捻 (ZZ)　　左同向捻(SS)

图 3-3　钢丝绳捻制方法

钢丝绳捻制方法的区分和优缺点，见表 3-6。

表 3-6

钢丝绳捻制方法的区分和优缺点

序号	名称	英文	说明	优、缺点
1	右交互捻	ZS	股捻的方向与股内钢丝捻的方向相反称交互捻，如图示股向右捻，丝向左捻	柔性；抗弯曲，疲劳性能好，磨损小，但容易产生旋转、卷曲、扭结、松弛、压扁和搭结
2	左交互捻	SZ	如图示，股向左捻，丝向右捻	
3	右同向捻	ZZ	股捻的方向与股内钢丝捻的方向相同，称同向捻，如图示股和丝均同向右捻	无交互捻的缺点，使用方便，耐用程度稍差，起重作业中广泛采用
4	左向向捻	SS	如图示股和丝均同向左捻	
5	混合捻		相邻两股或相邻两层的捻向相反	具有同向捻、交互捻的优点；机械性能较前两种好，但制造困难，价格贵

4. 钢丝绳的标记代号

（1）钢丝绳的相关名称和代号

钢丝绳的相关名称和代号见表 3-7。

表 3-7

钢丝绳的相关名称和代号

代号	名称	代号	名称
（1）钢丝绳		T	面接触钢丝绳
—	圆钢丝绳	S*	西鲁式钢丝绳
Y	编织钢丝绳	W*	瓦林吞式钢丝绳
P	扁钢丝绳	WS*	瓦林吞-西鲁钢丝绳

代号	名称	代号	名称
Fi	填充钢丝绳		(5)绳(股)芯
	(2)股(横截面)	FC	纤维芯(天然或合成)
—	圆形股	NF	天然纤维芯
V	三角形股	SF	合成纤维芯
R	扁形股	IWR	金属丝绳芯
Q	椭圆形股	IWS	金属丝股芯
	(3)钢丝		(6)捻向
—	圆形钢丝	Z	右向捻
V	三角形钢丝	S	左向捻
R	矩形或扁形钢丝	ZZ	右同向捻
T	梯形钢丝	SS	左同向捻
Q	椭圆形钢丝	ZS	右交互捻
H	半密封钢丝与圆形钢丝搭配	SZ	左交互捻
Z	Z形钢丝		(7)其他
	(4)钢丝表面状态	R0	钢丝公称抗拉强度
NAT	光面钢丝	F0	钢丝绳最小破断拉力
ZAA	A级镀锌钢丝	M	单位长度重量
ZAB	AB级镀锌钢丝	d	公称直径
ZBB	B级镀锌钢丝		

注：带 * 符号是标记中常用的简称代号。

(2)钢丝绳的标记

1)钢丝绳的标记分全称标记和简化标记两种。

2)钢丝绳的全称标记图示如下：

$$\boxed{1}\quad\boxed{2}\quad\boxed{3+4}\quad\boxed{5}\quad\boxed{6}\quad\boxed{7}\quad\boxed{8}\quad\boxed{9}$$

其中：1—钢丝绳的公称直径；2—钢丝绳的表面状态；(3+4)—钢丝绳的结构形式；5—钢丝公称抗拉强度（MPa）；6—钢丝绳捻向；7—钢丝绳的最小破断拉力（kN）；8—单位长度重量（kg/l00m）；9—产品标准编号。

钢丝绳全称标记示例：

18　NAT　6（9+9+1）+NF　1770　SS　189　119　GB 8918

示例中：18—钢丝绳公称直径为18mm；NAT—钢丝绳表面为光面钢丝；6（9+9+1）+NF—西鲁钢丝绳+天然纤维芯；1770—钢丝绳公称抗拉强度为1770Mpa；SS—钢丝绳捻向为左同向捻；189—钢丝绳的最小破断拉力为189kN；119—单位长度重量为119kg/100m；GB 8919—钢丝绳的产品标准编号为GB 8919。

3)钢丝绳的简化标记图示：

$$\boxed{1}\quad\boxed{2}\quad\boxed{3+4}\quad\boxed{5}\quad\boxed{6}\quad\boxed{7}$$

标记图示中：1、2、5～7与全称标记说明相同；(3+4)两项标记简化；8、9两项标记省略。

钢丝绳简化标记示例

18 NAT　　6×19S+NF　　1770　　SS　　189

示例标记中：除 6×19S 为上述 6（9+9+1）的简化标记外，其余同上。

5. 钢丝绳直径的测量方法

（1）直径的测量

1）钢丝绳直径应用带有宽钳口的游标卡尺测量，其钳口的宽度要足以跨越两个相邻的股（图3-4）。

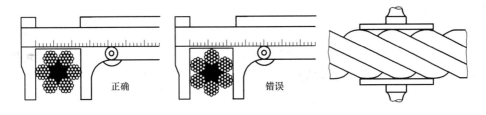

图 3-4　钢丝绳直径测量方法

2）测量应在无张力的情况下，于钢丝绳端头 15m 外的直线部位上进行，在相距至少 1m 的两截面上，并在同一截面互相垂直测取两个数值。

3）用四个测量结果的平均值作为钢丝绳的实测直径。

4）同一截面的测量结果的差与实测直径之比即为不圆度。

5）在有争议的情况下，直径的测量可在给钢丝绳施加其最小破断拉力 5% 的张力的情况下进行。不松散检查，将钢丝绳一端解开相对立的两个股，约有两个捻距长，当这个股重新恢复到原位后，不应自行再散开（四股钢丝绳除外）。

（2）直径的偏差

1）测得的直径偏差：圆股，0～5%；异形股，0～6%。

2）钢丝绳的不圆度应不大于钢丝绳公称直径的 4%。

6. 钢丝绳的选择

选用钢丝绳要合理，不准超负荷使用。选择钢丝绳的品种结构，鉴于线接触钢丝绳破断拉力大、疲劳寿命长、耐腐性能好，建议优先选用线接触钢丝绳。要求比较柔软的可用 6×37 类。根据设备的特点，举例说明如下：

（1）用作起吊重物或穿滑车用的钢丝绳，应选择 6×37 或 6×61 结构的钢丝绳。

（2）用作缆风绳、拖拉绳，可选 6×19 结构的钢丝绳。

（3）起重设备或吊装构件所使用的钢丝绳，应采用交互捻或同向捻 6×19 或 6×37 结构为宜。

（4）航运、船舶、渔业、捆扎木材等用钢丝绳，要求耐腐蚀、柔软。可选用 6×19、6×24、6×37 等结构的 A 类镀锌钢丝绳。

（5）扬程不高的起重机、打桩机、钻机、电铲、挖掘机等机械用钢丝绳，要求耐磨损、耐疲劳、抗冲击性好，可选用 6×29Fi 或 6×36SW 等结构钢丝绳。

（6）电梯用、航空用钢丝绳等应选用相应的专业钢丝绳。

37

（7）建筑塔式起重机用钢丝绳等应选用相应的专用钢丝绳。

（8）在高温环境下作业或要求破断载荷大的设备，可选用金属绳芯钢丝绳。

（9）腐蚀是主要报废原因时应采用镀锌钢丝绳；

（10）钢丝绳工作时，终端不能自由旋转，或虽有反拨力，但不能相互纠合在一起的场合，应用同向捻钢丝绳。

选择钢丝绳的抗拉强度应根据使用的载荷、规定的安全系数，选择合适的强度级别，不宜盲目追求高强度。总之，应该根据设备的特点和作业场合，选择合适的钢丝绳，确保安全，达到延长使用寿命和提高经济效益的目的。

7. 钢丝绳的安装、维护保养

（1）钢丝绳的安装

1）解卷。

整圈和整筒钢丝绳解开时，应将绳盘放在专用支架上，使钢丝绳轮架空，也可用一根钢管穿入绳盘孔，两端套上绳索吊起，将绳盘缓缓转动，使其旋转而慢慢拉出，如图3-5所示。

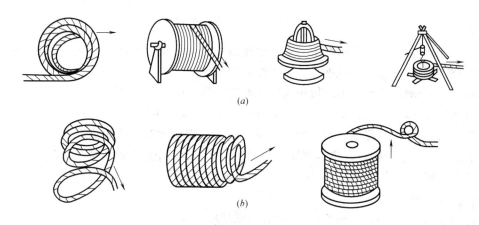

图 3-5　解卷钢丝绳的操作方法

（a）正确操作方法；（b）错误操作方法

2）钢丝绳在卷筒上的排列。

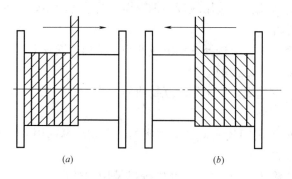

图 3-6　钢丝绳在卷筒上的排列

（a）右捻绳从左到右；（b）左捻绳从右到左

钢丝绳在卷筒缠绕时，要逐圈紧密排列整齐，不应错叠或离缝。钢丝绳在卷筒上的缠绕方向必须根据钢丝绳的捻向，右捻绳从左到右，左捻绳从右到左排列，缠绕应排列整齐，避免出现偏绕或夹绕现象，如图3-6所示。

（2）钢丝绳的剪切

钢丝绳的剪切应先在切割处两处边相距10～20mm用钢丝扎紧，捆扎长度为绳径的1～4倍，再用切割工具切断。

（3）钢丝绳的维护保养和检查

1）运行要求。

钢丝绳在运行过程中应速度稳定，不得超过负荷运行，避免发生冲击负荷。

2）维护保养。

钢丝绳在制造时已涂了足够的油脂，但经运行后，油脂会逐渐减少，且钢丝绳表面会沾有尘埃、碎屑等污物，引起钢丝绳及绳轮的磨损和钢丝绳生锈，因此，应定期清洗和加油。简易的方法是选用钢丝刷和其他相应的工具擦掉钢丝绳表面的尘埃等污物，把加热熔化的钢丝绳表面脂均匀地涂抹在钢丝绳表面，也可把 30 号或 40 号机油喷浇在钢丝绳表面，但不要喷得过多而污染环境。不用的钢丝绳应进行维护保养，按规定分类存放在干净的地方。在露天存放的钢丝绳应在下面垫高，上面加盖防雨布罩。

3）检查记录。

使用钢丝绳必须定期检查并做好记录，定期检查的内容除了上述的清洗加油外，还应检查钢丝绳绳身的磨损程度、断丝情况、腐蚀程度以及吊钩、吊环、各润滑轮槽等易损部件磨损的情况。发现异常情况必须及时调整或更换。

8. 钢丝绳可用程度及报废标准

（1）钢丝绳的破坏过程

1）弯曲疲劳破坏。

钢丝绳在使用过程中经常受到拉伸、弯曲，便钢丝绳容易产生"疲劳"现象，多次弯曲造成的弯曲疲劳是钢丝绳破坏的主要原因之一。

2）冲击荷载的破坏。

冲击荷载在起重吊装作业中（如紧急制动）是不允许发生的。冲击荷载对机械及钢丝绳都有损害。冲击荷载的大小与所吊重物落下距离成正比，一般冲击荷载远远大于静荷载若干倍。

（2）钢丝绳的破坏原因

造成钢丝绳损坏的原因是多方面的，概括起来，钢丝绳损伤及破坏的主要原因大致有以下几个方面：

1）截面积减少：钢丝绳截面积减少是因钢丝绳内外部磨损、损耗及腐蚀造成的。

2）质量发生变化：钢丝绳由于表面疲劳、硬化及腐蚀引起质量变化。

3）变形：钢丝绳因松捻、压扁或操作中产生各种特殊变形而引起质量变化。

4）突然损坏：在牵引过程中，快速加大拉力，产生过大冲击力而突然断丝。

（3）钢丝绳可用程度

钢丝绳可用程度判断见表 3-8。

钢丝绳可用程度判断表   表 3-8

序号	钢丝绳可用程度判断表	可用程度	使用场所
A	新钢丝绳或已用钢丝绳,各股钢丝位置未动,磨损轻微并无凸起现象	100%	重要
B	1. 各股钢丝已有变动、压扁、凹凸现象,但尚未露出钢芯或绳芯 2. 个别部位有轻微锈蚀 3. 表面上的个别钢丝有尖刺（断头）现象,每米长度内尖刺数目不多于钢丝总数 3%	75%	重要

序号	钢丝绳可用程度判断表	可用程度	使用场所
C	1. 个别部位有明显的锈痕 2. 绳股凸出不大危险,绳芯未露出 3. 钢丝绳表面上的个别钢丝绳有尖刺现象,每米长度内尖刺数目不多于钢丝总数的10%	50%	次要
D	1. 绳股有明显的扭曲,绳股和钢丝有部分变位,有明显的凸出现象 2. 钢丝绳全部有锈痕,将锈痕刮去后,钢丝上留有凹痕 3. 钢丝绳表面上的个别钢丝有尖刺现象,每米长度内尖刺数目不多于钢丝总数25%	40%	不重要处或辅助工作

（4）钢丝绳报废标准

1）断丝的性质和数量。

起重机械的总体设计不允许钢丝绳具有无限长的寿命。对于6股和8股的钢丝绳,断丝主要发生在外表。而对于多层绳股的钢丝绳（典型的多股结构）断丝大多数发生在内部,因而是"不可见的"断裂。对出现润滑油已发干或变质现象的局部绳段应予以特别注意。

各种情况综合考虑后的断丝控制标准见表3-9、表3-10,适用于各种结构的钢丝绳。

钢制滑轮上工作的圆股钢丝绳中断丝根数的控制标准　　　　表3-9

外层绳股承载钢丝数 n	钢丝绳典型结构示例	起重机用钢丝绳必须报废时,疲劳有关的可见断丝数							
		机构工作级别							
		M1、M2、M3、M4				M5、M6、M7、M8			
		交互捻		同向捻		交互捻		同向捻	
		长度范围				长度范围			
		≤6d	≤30d	≤6d	≤30d	≤6d	≤30d	≤6d	≤30d
≤50	6×7	2	4	1	2	4	8	2	4
51<n≤75	6×19S*	3	6	2	3	6	12	3	6
76<n≤100		4	8	2	4	8	16	4	8
101<n≤120	8×19S* 6×25Fi*	5	10	2	5	10	19	5	10
121<n≤140		6	11	3	6	11	22	6	11
141<n≤160	8×25Fi	6	13	3	6	13	26	6	13
160<n≤180	6×36WS*	7	14	4	7	14	29	7	14
181<n≤200		8	16	4	8	16	32	8	16
201<n≤220	6×41WS*	9	18	4	9	18	38	9	18
221<n≤240	6×37	10	19	5	10	19	38	10	19
241<n≤260		10	21	5	10	21	42	10	21
261<n≤280		11	22	6	11	22	45	11	22
281<n≤300		12	24	6	12	24	48	12	24
300<n		0.04n	0.08n	0.02n	0.04n	0.08n	0.16n	0.04n	0.08n

注：1. 填充钢丝不是承载钢丝,因此检验中要予以扣除,多层绳股钢丝绳仅考虑可见的外层,带钢芯的钢丝绳其绳芯作为内部绳股对待,不予考虑。

2. 统计中的可见断丝数时,圆整至整数值,对外层绳股的钢丝直径大于标准直径的特定结构的钢丝绳,在表中作降低等级处理,并以 * 号表示。

3. 一根断丝可能有两处可见端。

4. d 为钢丝绳公称直径。

5. 钢丝绳典型结构与国际标准的钢丝绳典型结构是一致的。

钢制滑轮上工作的抗扭钢丝绳中断丝根数的控制标准 表 3-10

达到报废标准的起重机用钢线绳与疲劳有关的可见断丝数			
机构工作级别 M1、M2、M3、M4		机构工作级别 M5、M6、M7、M8	
长度范围		长度范围	
≤6d	≤30d	≤6d	≤30d
2	4	4	8

注：1. 一根断丝可能有两处可见端。

2. d 为钢丝绳公称直径。

2）绳端断丝。

当绳端或其附近出现断丝时，即使数量很少也表明该部位应力很大，可能是由于绳端安装不正确造成的，应查明损坏原因，如果绳长允许，应将断丝的部位切去重新安装。

3）断丝的局部聚集。

如果断丝紧靠一起形成局部聚集，则钢丝绳报废；如果这种断丝聚集要小于 6d 的绳长范围内，或者集中在任一支绳股里，那么，即使断丝数比表 3-9、表 3-10 中列的数值少，钢丝绳也应予以报废。

4）断丝的增加率。

在某些使用场合，疲劳是引起钢丝绳损坏的主要原因，断丝则是在使用一个时期以后才开始出现，但断丝数会逐渐增加，其时间间隔越来越短。为了判定断丝的增加率，应仔细检验并记录断丝增加情况，利用这个"规律"可确定钢丝绳未来报废日期。

5）绳股断裂。

如果出现整根绳股断裂，则钢丝绳应报废。

6）由于绳芯损坏而引起的绳径减小。

绳芯损坏导致绳径减小可能由下列原因引起：

① 内部磨损积压。

② 由钢丝绳中各绳股和钢丝之间的摩擦引起的内部磨损，尤其当钢丝绳经受弯曲时更是如此。

③ 纤维绳芯的损坏。

④ 钢丝芯的断裂。

⑤ 多层股结构中内部股的断裂。

如果这些因素引起钢丝绳实测直径（互相垂直的两个直径测 量的平均值）相对公称直径减小 3％（对于抗扭钢丝绳而言）或减少 10％（对于其他钢丝绳而言），则即使未发现断丝，该钢丝绳 也应予以报废。

微小的损坏，特别是当所有各绳股中应力处于良好平衡时，用通常的检验方法可能是不明显的，然而在这种情况下钢丝绳强度大部分降低。所以，在有任何内部细微损坏的迹象时，均应对钢丝绳内部进行检查。一经证实损坏，则该钢丝绳就应报废。

7）外部磨损。

钢丝绳外层绳股的钢丝表面的磨损，是由于它在压力作用下与滑轮和卷筒的绳槽接触摩擦造成的，这种现象在吊载加速和减速运动时，钢丝绳与滑轮接触的部位特别明显，并表现为外部钢丝磨成平面状。

润滑不足或不正确的润滑，以及存在灰尘和砂粒都会加剧磨损。

磨损使钢丝绳的断面面积减小而强度降低，当钢丝绳直径相对公称直径减小 7％或更多时，即使未发现断丝，该钢丝绳也应报废。

8）弹性降低。

在某些情况下（通常与工作环境有关），钢丝绳的弹性会显著降低，继续使用是不安全的。弹性降低通常伴随下述现象：

① 绳径减小。

② 钢丝绳捻距伸长。

③ 由于各部分相互压紧，钢丝之间和绳股之间缺少空隙。

④ 绳股凹处出现细微的褐色粉末。

⑤ 虽未发现断丝，但钢丝绳明显的不易弯曲和直径减小，比起单纯是由于钢丝磨损而引起的减小要严重得多，这种情况会导致在动载作用下钢丝绳突然断裂，故应立即报废。

9）外部及内部腐蚀。

腐蚀在海洋或工业污染的大气中特别容易发生，它不仅使钢丝绳的金属断裂而且导致破断强度降低，还将引起表面粗糙、产生裂纹，从而加速疲劳。严重的腐蚀还会降低钢丝绳弹性。

① 外部腐蚀：外部钢丝绳腐蚀可用肉眼观察。

② 内部腐蚀：内部腐蚀相对外部腐蚀难发现，但下列现象可供参考：

a. 钢丝绳直径的变化，钢丝绳在绕过滑轮的弯曲部位直径通常变小。但对于静止段的钢丝绳则常由于外层绳股出现锈蚀而引起钢丝绳直径增加。

b. 钢丝绳外层绳股间的空隙减小，还经常伴随出现外层绳股之间断丝。

如果有任何内部腐蚀的迹象，则由主管人员对钢丝绳进行内部检验。若确认有严重的内部腐蚀，则钢丝绳应立即报废。

10）变形。

钢丝绳失去正常形状产生可见的畸形，称为"变形"，这种变形会导致钢丝绳内部应力分布不均匀。钢丝绳的变形从外观上区分，主要可分为下述几种：

① 波浪形。波浪形是钢丝绳的纵向轴线成螺旋线形状。这种变形不一定导致任何强度上的损失，但变形严重会产生跳动，造成不规则的传动，时间长了会引起磨损和断丝。出现波浪形时（图 3-7），在钢丝绳长度不超过 $25d$ 的范围内，若 $d_1 \geqslant 4d/3$（d 为钢丝绳的公称直径；d_1 是钢丝绳变形后包络的直径），则钢丝绳应报废。

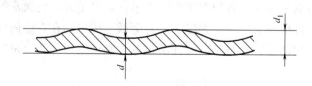

图 3-7　波浪形钢丝绳

② 笼形畸变。这种变形出现在具有钢芯的钢丝绳上。当外层绳股发生脱节或者变得

比内部绳股长的时候，处于松弛状态的钢丝绳突然受载时就会产生这种变形。笼形畸变的钢丝绳应立即报废。

③ 绳股挤出。这种情况通常伴随笼形畸变一起产生。绳股挤出使钢丝绳处于失衡状态。绳股挤出的钢丝绳应立即报废。

④ 钢丝挤出。这种变形是一部分钢丝或钢丝束在钢丝绳背对着滑轮轮槽一侧拱起形成环状，这种变形常由冲击载荷引起。若此种变形严重，则钢丝绳应立即报废。

⑤ 绳径局部增大。钢丝绳直径有可能发生局部增大，并能 波及相当长的一段钢丝绳。绳径增大通常与绳芯畸变有关（如在 特殊环境中，纤维芯因受潮而膨胀），其结果是外层绳股受力不均匀，而造成绳股错位。绳径局部严重增大的钢丝绳应报废。

⑥ 绳径局部减小。钢丝绳直径的局部减小常常与绳芯的断裂有关，应特别仔细检查绳端部位有无此种变化，绳径局部减小的钢丝绳应报废。

⑦ 部分被压扁。钢丝绳部分被压扁是由机械事故造成的，严重时则钢丝绳应报废。

⑧ 扭结。扭结是由于钢丝绳成环状不可能绕其轴线转动的情况下被拉紧而造成的一种变形，其结果是出现捻距不均而引起过度磨损，严重时钢丝绳将产生扭曲，以致仅存极小强度。严重扭结的钢丝绳应立即报废。

⑨ 弯折。弯折是钢丝绳由外界因素引起的角度变形，这种变形的钢丝绳应立即报废。

⑩ 由于受热或电弧的作用而引起的损坏。钢丝绳经受特殊热力作用，其外表出现颜色变化时应报废。

9. 钢丝绳的安全荷载计算

（1）钢丝绳的破断拉力

钢丝绳的破断拉力，即将整根钢丝绳拉断所需要的拉力，也称为整条钢丝绳的破断拉力。考虑钢丝绳搓捻的不均匀，钢丝之间存在互相挤压和摩擦使其钢丝受力大小不一样，要拉断整根钢丝绳，其破断拉力要小于钢丝破断拉力总和。因此要乘一个小于1的系数，约为 0.8～0.85。

最小钢丝破断拉力总和＝钢丝绳最小破断拉力×换算系数。换算系数取值：6×7 类圆股的钢丝绳纤维芯取 1.134、钢芯 1.214；6×19 类圆股的钢丝绳纤维芯取 1.24、钢芯取 1.308；6×37 类圆股的钢丝绳纤维芯 1.249、钢芯取 1.336。

钢丝绳的安全荷载可由下式求得：

$$P=R/K$$

式中　P——吊装所需要的负荷拉力（kN）；

　　　R——最小破断拉力（可在钢丝绳规格及荷重性能表查找）（kN）；

　　　K——钢丝绳的安全系数，见表3-11。

钢丝绳的安全系数 K 　　　　　　　　　　　　表3-11

使用情况	K 值	使用情况	K 值
用于缆风绳	3.5	用作吊索、无弯曲	6～7
用于手动起重	4.5	用作绑扎的吊索	8～10
用于机械起重	5～6	用于载人的升降机	14 以上

（2）钢丝绳的允许拉力和安全系数

1）钢丝绳的允许拉力。

当钢丝绳在弯曲处可能同时承受拉力和剪力的混合力，钢丝绳破断拉力要降低30%左右。因此，在选择钢丝绳时要适当提高安全系数，加强安全贮备。为了保证吊装的安全，钢丝绳根据使用时的受力情况，规定出所能允许承受的拉力，叫做钢丝绳的允许拉力。它与钢丝绳的使用情况有关，可通过计算取得。

钢丝绳的允许拉力低了钢丝绳破断拉力的若干倍，而这个倍数就是安全系数。

2）钢丝绳的安全系数，见表3-11。

（3）钢丝绳最小破断拉力计算和重量测量

1）最小破断拉力计算。

钢丝绳实测破断拉力应不低于荷重性能表的规定。钢丝绳最小破断拉力，用单位kN表示，并按下式计算：

$$F_0 = \frac{K'D^2R_0}{1000}$$

式中 F_0——钢丝绳最小破断拉力（kN）；

D——钢丝绳公称直径（mm）；

R_0——钢丝绳公称抗拉强度（MPa）；

K'——某一指定结构钢丝绳的最小破断拉力系数，见表3-12。

钢丝绳的最小破断拉力系数 表3-12

组别	类别	钢丝绳重量系数 K			$\frac{K_2}{K_{1n}}$	$\frac{K_2}{K_{1p}}$	最小破断拉力系数 K'		$\frac{K'_2}{K'_1}$
		天然纤维芯	合成纤维芯	钢芯			纤维芯	钢芯	
		K_{1n}	K_{1p}	K_2			K'_1	K'_2	
		kg/(100m·mm²)							
1	6×7	0.351	0.344	0.387	1.10	1.12	0.332	0.359	1.08
2	6×19	0.380	0.371	0.418	1.10	1.13	0.330	0.356	1.08
3	6×37								
4	8×19	0.357	0.344	0.435	1.22	1.26	0.293	0.346	1.18
5	8×37								
6	18×7	0.390		0.430	1.10	1.10	0.310	0.328	1.06
7	18×19								
8	34×7	0.390		0.430	1.10	1.10	0.308	0.318	1.03
9	35W×7			0.460				0.360	
10	6V×7	0.412	0.404	0.437	1.06	1.08	0.375	0.398	1.06
11	6V×19	0.405	0.397	0.429	1.06	1.08	0.360	0.382	1.06
12	6V×37								
13	4V×39	0.410	0.402					0.360	
14	6Q×19+6V×21	0.410	0.402					0.360	

注：1. 在2组和4组钢丝绳中，当股内钢丝的数目为19根或19根以下时，重量系数应比表中所列的数小3%。

2. 在11组钢丝绳中，股含纤维芯6V×21、6V×24结构钢丝绳的重量系数和最小破断拉力系数应分别比表中所列的数小8%，6V×30结构钢丝绳的最小破断拉力系数，应比表中所列的数小10%；在12组钢丝绳中，股为线接触结构6V×37S钢丝绳的重量系数和最小破断拉力系数则应分别比表中所列的数大3%。

3. K_{1p}重量系数是对聚丙烯纤维芯钢绳而言。

2）重量的测量。

钢丝绳的总重量包括钢丝绳、卷轴和包装材料的重量，应用衡器测量，用单位 kg 表示。计算钢丝绳的单位重量时，应用钢丝绳的净重量除以钢丝绳实测长度。钢丝绳的实测单位重量用 kg/100m 表示。

参考重量：钢丝绳的参考重量用 kg/100m 表示，并按下式计算：

$$M = KD^2$$

式中　M——钢丝绳单位长度的参考重量（kg/100m）；

　　　D——钢丝绳的公称直径（mm）；

　　　K——充分涂油的某一结构钢丝绳单位长度的重量系数（表 3-12）[kg/(100m·mm^2)]。

3）钢丝绳重量系数和最小破断拉力系数，见表 3-12。

10. 常用钢丝绳规格及荷重性能

（1）6×19 圆股钢丝绳（光面和镀锌）

6×19 圆股钢丝绳（光面和镀锌）力学性能见表 3-13。

6×19 圆股钢丝绳力学性能　　　　　　　　　　　　表 3-13

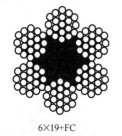
6×19+FC

6×19+IWS

6×19+IWR

钢丝绳结构：6×19＋FC　6×19＋IWS　6×19＋IWR

钢丝绳公称直径		钢丝绳近似重量（kg/100m）			钢丝绳公称抗拉强度（MPa）									
					1470		1570		1670		1770		1870	
					钢丝绳最小破断拉力（kN）									
d（mm）	允许偏差（%）	NF 天然纤维芯钢丝绳	SF 合成纤维芯钢丝绳	IWR/IWS 钢芯钢丝绳	FC 纤维芯钢丝绳	IWR/IWS 钢芯钢丝绳	FC 纤维芯钢丝绳	IWR/IWS 钢芯钢丝绳	FC 纤维芯钢丝绳	IWR/IWS 钢芯钢丝绳	FC 纤维芯钢丝绳	IWR/IWS 钢芯钢丝绳	PC 纤维芯铜丝绳	IWR/IWS 钢芯铜丝绳
8	+6 0	22.1	21.6	24.4	28.9	31.2	30.8	33.4	32.8	35.5	34.8	37.6	36.7	39.7
9		28.0	27.3	30.9	36.6	39.5	39.0	42.2	41.5	44.9	44.0	47.6	46.5	50.3
10		34.6	33.7	38.1	45.1	48.8	48.2	52.1	51.3	55.4	54.3	58.8	57.4	62.1
11		41.9	40.8	46.1	54.6	59.1	58.3	63.1	62.0	67.1	65.8	71.1	69.5	75.1
12		49.8	48.5	54.9	65.0	70.3	69.4	75.1	73.8	79.8	78.2	84.6	82.7	89.4
13		58.5	57.0	64.4	76.3	82.5	81.5	88.1	86.6	93.7	91.8	99.3	97.0	105.0
14		67.8	66.1	74.7	88.5	95.7	94.5	102.0	100.0	109.0	107.0	115.0	113.0	122.0

钢丝绳结构:6×19+FC　6×19+IWS　6×19+IWR

钢丝绳公称直径		钢丝绳近似重量(kg/100m)			钢丝绳公称抗拉强度(MPa)									
					1470		1570		1670		1770		1870	
					钢丝绳最小破断拉力(kN)									
d (mm)	允许偏差(%)	NF 天然纤维芯钢丝绳	SF 合成纤维芯钢丝绳	IWR/IWS 钢芯钢丝绳	FC 纤维芯钢丝绳	IWR/IWS 钢芯钢丝绳	FC 纤维芯钢丝绳	IWR/IWS 钢芯钢丝绳	FC 纤维芯钢丝绳	IWR/IWS 钢芯钢丝绳	FC 纤维芯钢丝绳	IWR/IWS 钢芯钢丝绳	PC 纤维芯钢丝绳	IWR/IWS 钢芯铜丝绳
16	+6 / 0	88.6	86.3	97.5	116.0	125.0	123.0	133.0	131.0	142.0	139.0	150.0	147.0	159.0
18		112.0	109.0	123.0	146.0	158.0	156.0	169.0	166.0	180.0	176.0	190.0	186.0	201.0
20		138.0	135.0	152.0	181.0	195.0	193.0	208.0	205.0	222.0	217.0	235.0	230.0	248.0
22		167.0	163.0	184.0	218.0	236.0	233.0	252.0	248.0	268.0	263.0	284.0	278.0	300.0
24		199.0	194.0	219.0	260.0	281.0	278.0	300.0	295.0	319.0	313.0	338.0	331.0	358.0
26		234.0	228.0	258.0	305.0	330.0	326.0	352.0	347.0	375.0	367.0	397.0	388.0	420.0
28		271.0	264.0	299.0	354.0	383.0	378.0	409.0	402.0	435.0	426.0	461.0	450.0	487.0
30		311.0	303.0	343.0	406.0	439.0	434.0	469.0	461.0	499.0	489.0	529.0	517.0	559.0
32		354.0	345.0	390.0	462.0	500.0	494.0	534.0	525.0	568.0	556.0	602.0	588.0	636.0
34		400.0	390.0	440.0	522.0	564.0	557.0	603.0	593.0	641.0	628.0	679.0	664.0	718.0
36		448.0	437.0	494.0	585.0	632.0	625.0	676.0	664.0	719.0	704.0	762.0	744.0	805.0
38		500.0	487.0	550.0	652.0	705.0	696.0	753.0	740.0	801.0	785.0	849.0	829.0	869.0
40		554.0	539.0	610.0	722.0	781.0	771.0	834.0	820.0	887.0	859.0	940.0	919.0	993.0
42	+6 0	610.0	594.0	672.0	796.0	861.0	850.0	919.0	904.0	978.0	959.0	1040.0	1010.0	1100.0
44		670.0	652.0	738.0	874.0	945.0	933.0	1010.0	993.0	1070.0	1050.0	1140.0	1110.0	1200.0
46		732.0	713.0	806.0	955.0	1030.0	1020.0	1100.0	1080.0	1170.0	1150.0	1240.0	1210.0	1310.0
48		797.0	776.0	878.0	1040.0	1120.0	1110.0	1200.0	1180.0	1280.0	1250.0	1350.0	1320.0	1430.0
50		865.0	843.0	953.0	1130.0	1220.0	1200.0	1300.0	1280.0	1390.0	1360.0	1470.0	1440.0	1550.0
52		936.0	911.0	1.30.0	1220.0	1320.0	1300.0	1410.0	1390.0	1500.0	1470.0	1590.0	1550.0	1680.0
54		1010.0	983.0	1110.0	1320.0	1420.0	1410.0	1520.0	1500.0	1620.0	1580.0	1710.0	1670.0	1810.0
56		1090.0	1060.0	1190.0	1420.0	1530.0	1510.0	1630.0	1610.0	1740.0	1700.0	1840.0	1800.0	1950.0
58		1160.0	1130.0	1280.0	1520.0	1640.0	1620.0	1750.0	1720.0	1870.0	1830.0	1980.0	1930.0	2090.0
60		1250.0	1210.0	1370.0	1620.0	1760.0	1740.0	1880.0	1580.0	2000.0	1960.0	2120.0	2070.0	2240.0
62		1330.0	1300.0	1460.0	1730.0	1880.0	1850.0	2000.0	1970.0	2130.0	2090.0	2260.0	2210.0	2390.0
64		1420.0	1380.0	1560.0	1850.0	2000.0	1970.0	2130.0	2100.0	2270.0	2230.0	2410.0	2350.0	2540.0
66		1510.0	1470.0	1660.0	1970.0	2130.0	2100.0	2270.0	2230.0	2420.0	2370.0	2560.0	2500.0	2700.0
68		1600.0	1560.0	1760.0	2090.0	2260.0	2230.0	2410.0	2370.0	2560.0	2510.0	2720.0	2650.0	2870.0
70		1700.0	1650.0	1870.0	2210.0	2390.0	2360.0	2550.0	2510.0	2720.0	2660.0	2880.0	2810.0	3040.0
72		1790.0	1750.0	1980.0	2340.0	2530.0	2500.0	2700.0	2660.0	2870.0	2820.0	3050.0	2980.0	3220.0

钢丝绳结构:6×19＋FC　6×19＋IWS　6×19＋IWR													
钢丝绳公称直径		钢丝绳近似重量 (kg/100m)			钢丝绳公称抗拉强度(MPa)								
					1470		1570		1670		1770		1870	
					钢丝绳最小破断拉力(kN)								
d (mm)	允许偏差(%)	NF 天然纤维芯钢丝绳	SF 合成纤维芯钢丝绳	IWR/IWS 钢芯钢丝绳	FC 纤维芯钢丝绳	IWR/IWS 钢芯钢丝绳	FC 纤维芯钢丝绳	IWR/IWS 钢芯钢丝绳	FC 纤维芯钢丝绳	IWR/IWS 钢芯钢丝绳	FC 纤维芯钢丝绳	IWR/IWS 钢芯钢丝绳	PC 纤维芯钢丝绳	IWR/IWS 钢芯铜丝绳
74	+6 0	1890.0	1850.0	2090.0	2470.0	2670.0	2640.0	2850.0	2810.0	3040.0	2980.0	3220.0	3140.0	3400.0
76		2000.0	1950.0	2200.0	2610.0	2820.0	2780.0	3010.0	2960.0	3200.0	3140.0	3390.0	3320.0	3590.0
78		2110.0	2050.0	2320.0	2750.0	2970.0	2930.0	3170.0	3120.0	3370.0	3310.0	3580.0	3490.6	3780.0
80		2210.0	2160.0	2440.0	2890.0	3120.0	3080.0	3340.0	3280.0	3550.0	3480.0	3670.0	3670.0	3970.0

主要用途：各种起重、提升和牵引设备。

（2）6×37 圆股钢丝绳（光面和镀锌）

6×37 圆股钢丝绳（光面和镀锌）力学性能见表 3-14。

6×37 圆股钢丝绳力学性能　　　　　　　　表 3-14

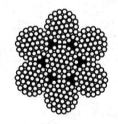
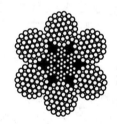

6×37+FC　　　　　　6×37+IWS　　　　　　6×37+IWR

钢丝绳结构:6×37＋FC　6×37＋IWS　6×37＋IWR													
钢丝绳公称直径		钢丝绳近似重量 (kg/100m)			钢丝绳公称抗拉强度(MPa)								
					1470		1570		1670		1770		1870	
					钢丝绳最小破断拉力(kN)								
d (mm)	允许偏差(%)	NF 天然纤维芯钢丝绳	SF 合成纤维芯钢丝绳	IWR/IWS 钢芯钢丝绳	FC 纤维芯钢丝绳	IWR/IWS 钢芯钢丝绳	FC 纤维芯钢丝绳	IWR/IWS 钢芯钢丝绳	FC 纤维芯钢丝绳	IWR/IWS 钢芯钢丝绳	FC 纤维芯钢丝绳	IWR/IWS 钢芯钢丝绳	PC 纤维芯钢丝绳	IWR/IWS 钢芯铜丝绳
6	+6 0	12.5	12.1	13.7	15.6	16.9	16.7	18.0	17.7	19.2	18.8	20.3	19.9	21.5
7		17.0	16.5	18.7	21.2	23.0	22.7	24.5	24.1	26.1	25.6	27.7	27.0	29.2
8		22.0	21.6	24.4	27.8	30.0	29.6	32.1	31.5	34.1	33.4	36.1	35.3	38.2
9		28.0	27.3	30.9	35.1	38.0	37.5	40.6	39.9	43.2	42.3	45.7	44.7	48.3
10		34.6	33.7	38.1	43.4	46.9	46.3	50.1	49.3	53.3	52.2	56.5	55.2	59.7

钢丝绳结构:6×37＋FC 6×37＋IWS 6×37＋IWR

钢丝绳公称直径		钢丝绳近似重量(kg/100m)			钢丝绳公称抗拉强度(MPa)									
					1470		1570		1670		1770		1870	
					钢丝绳最小破断拉力(kN)									
d (mm)	允许偏差(%)	NF 天然纤维芯钢丝绳	SF 合成纤维芯钢丝绳	IWR/IWS 钢芯钢丝绳	FC 纤维芯钢丝绳	IWR/IWS 钢芯钢丝绳	FC 纤维芯钢丝绳	IWR/IWS 钢芯钢丝绳	FC 纤维芯钢丝绳	IWR/IWS 钢芯钢丝绳	FC 纤维芯钢丝绳	IWR/IWS 钢芯钢丝绳	PC 纤维芯钢丝绳	IWR/IWS 钢芯钢丝绳
11	+6 0	41.9	40.8	46.1	52.5	56.7	56.0	60.6	59.6	64.5	63.2	68.3	66.7	72.2
12		49.8	48.5	54.9	62.4	67.5	66.7	72.1	70.9	76.7	75.2	81.3	79.4	85.9
13		58.5	57.0	64.4	73.3	79.2	78.3	84.6	83.3	90.0	88.2	95.4	93.2	101.0
14		67.8	66.1	74.7	85.0	91.9	90.8	98.2	96.6	104.0	102.0	111.0	108.0	117.0
16		88.6	86.3	97.5	111.0	120.0	119.0	128.0	126.0	136.0	134.0	145.0	141.0	153.0
18		112.0	109.0	123.0	141.0	152.0	150.0	162.0	160.0	173.0	169.0	183.0	179.0	193.0
20		138.0	135.0	152.0	173.0	188.0	185.0	200.0	197.0	213.0	209.0	226.0	221.0	239.0
22		167.0	163.0	184.0	210.0	227.0	224.0	242.0	238.0	258.0	253.0	273.0	267.0	289.0
24		199.0	194.0	219.0	250.0	270.0	267.0	288.0	284.0	307.0	301.0	325.0	318.0	344.0
26		234.0	228.0	258.0	293.0	317.0	313.0	339.0	333.0	360.0	353.0	382.0	373.0	403.0
28		271.0	264.0	299.0	340.0	368.0	363.0	393.0	386.0	418.0	409.0	443.0	432.0	468.0
30		311.0	303.0	343.0	390.0	422.0	417.0	451.0	443.0	479.0	470.0	508.0	496.0	537.0
32		354.0	345.0	390.0	444.0	480.0	474.0	513.0	504.0	546.0	535.0	578.0	565.0	611.0
34		400.0	390.0	440.0	501.0	542.0	535.0	579.0	570.0	616.0	604.0	653.0	638.0	690.0
36		448.0	437.0	494.0	562.0	608.0	600.0	649.0	638.0	690.0	677.0	732.0	715.0	773.0
38		500.0	487.0	550.0	626.0	677.0	669.0	723.0	711.0	769.0	754.0	815.0	797.0	861.0
40		554.0	539.0	610.0	694.0	750.0	741.0	801.0	788.0	852.0	835.0	903.0	883.0	954.0
42		610.0	594.0	672.0	765.0	827.0	817.0	883.0	869.0	940.0	921.0	996.0	973.0	1050.0
44		670.0	652.0	738.0	840.0	908.0	897.0	970.0	954.0	1030.0	1010.0	1090.0	1070.0	1150.0
46		732.0	713.0	806.0	918.0	992.0	980.0	1060.0	1040.0	1130.0	1100.0	1190.0	1170.0	1260.0
48		797.0	776.0	878.0	999.0	1080.0	1070.0	1150.0	1140.0	1230.0	1200.0	1300.0	1270.0	1370.0
50		865.0	843.0	953.0	1080.0	1170.0	1160.0	1250.0	1230.0	1330.0	1310.0	1410.0	1380.0	1490.0
52		936.0	911.0	1030.0	1170.0	1270.0	1250.0	1350.0	1330.0	1440.0	1410.0	1530.0	1490.0	1610.0
54		1010.0	983.0	1110.0	1260.0	1370.0	1350.0	1460.0	1440.0	1550.0	1520.0	1650.0	1610.0	1740.0
56		1090.0	1060.0	1190.0	1360.0	1470.0	1450.0	1570.0	1540.0	1670.0	1640.0	1770.0	1730.0	1870.0
58		1160.0	1130.0	1287.0	1460.0	1580.0	1560.0	1680.0	1660.0	1790.0	1760.0	1900.0	1860.0	2010.0
60		1250.0	1210.0	1370.0	1560.0	1690.0	1670.0	1800.0	1770.0	1920.0	1880.0	2030.0	1990.0	2150.0
62		1330.0	1300.0	1460.0	1670.0	1800.0	1780.0	1930.0	1890.0	2050.0	2010.0	2170.0	2120.0	2290.0
64		1420.0	1380.0	1560.0	1780.0	1920.0	1900.0	2050.0	2020.0	2180.0	2140.0	2310.0	2260.0	2440.0
66		1510.0	1470.0	1660.0	1890.0	2040.0	2020.0	2180.0	2150.0	2320.0	2270.0	2460.0	2400.0	2600.0
68		1600.0	1560.0	1760.0	2010.0	2170.0	2140.0	2320.0	2280.0	2460.0	2410.0	2610.0	2550.0	2760.0
70		1700.0	1650.0	1870.0	2120.0	2300.0	2270.0	2450.0	2410.0	2610.0	2560.0	2770.0	2700.0	2920.0
72		1790.0	1750.0	1980.0	2250.0	2430.0	2400.0	2600.0	2550.0	2760.0	2710.0	2930.0	2860.0	3090.0
74		1890.0	1850.0	2090.0	2370.0	2570.0	2540.0	2740.0	2700.0	2920.0	2860.0	3090.0	3020.0	3270.0
76		2000.0	1950.0	2200.0	2500.0	2710.0	2680.0	2890.0	2850.0	3080.0	3020.0	3260.0	3190.0	3450.0
78		2110.0	2050.0	2320.0	2640.0	2850.0	2820.0	3050.0	3000.0	3240.0	3180.0	3440.0	3360.0	3630.0
80		2210.0	2160.0	2440.0	2780.0	3000.0	2860.0	3210.0	3150.0	3410.0	3340.0	3610.0	3530.0	3820.0

（3）6×61圆股钢丝绳（光面和镀锌）

6×61 圆股钢丝绳（光面和镀锌）力学性能见表 3-15。

6×61 圆股钢丝绳力学性能 表 3-15

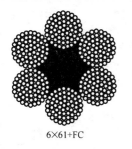

6×61+FC

6×61+IWR

钢丝绳结构:6×61＋FC　6×61＋IWR

钢丝绳公称直径		钢丝绳近似重量（kg/100m）			钢丝绳公称抗拉强度（MPa）										
					1470		1570		1670		1770		1870		
					钢丝绳最小破断拉力(kN)										
d (mm)	允许偏差（%）	NF 天然纤维芯钢丝绳	SF 合成纤维芯钢丝绳	IWR/IWS 钢芯钢丝绳	FC 纤维芯钢丝绳	IWR/IWS 钢芯钢丝绳	FC 纤维芯钢丝绳	IWR/IWS 钢芯钢丝绳	FC 纤维芯钢丝绳	IWR/IWS 钢芯钢丝绳	FC 纤维芯钢丝绳	IWR/IWS 钢芯铜丝绳	PC 纤维芯钢丝绳	IWR/IWS 钢芯铜丝绳
20		144.0	142.0	159.0	1780.0	192.0	190.0	205.0	202.0	218.0	214.0	231.0	226.0	244.0
22		175.0	171.0	193.0	215.0	232.0	229.0	248.0	244.0	263.0	259.0	279.0	273.0	295.0
24		208.0	204.0	229.0	256.0	276.0	273.0	295.0	290.0	314.0	308.0	332.0	325.0	351.0
26		244.0	239.0	269.0	300.0	324.0	321.0	346.0	341.0	368.0	361.0	390.01	382.0	412.0
28		283.0	278.0	312.0	348.0	376.0	372.0	401.0	395.0	427.0	419.0	452.0	443.0	478.0
30		325.0	319.0	358.0	400.0	431.0	427.0	461.0	454.0	490.0	481.0	519.0	508.0	549.0
32		370.0	362.0	408.0	455.0	491.0	486.0	524.0	516.0	557.0	547.0	591.0	578.0	624.0
34		417.0	409.0	460.0	513.0	554.0	584.0	592.0	583.0	629.0	618.0	667.0	653.0	705.0
36		468.0	459.0	516.0	575.0	621.0	614.0	663.0	654.0	706.0	693.0	748.0	732.0	790.0
38		521.0	511.0	575.0	641.0	692.0	685.0	739.0	728.0	786.0	772.0	833.0	815.0	880.0
40		578.0	566.0	637.0	710.0	767.0	759.0	819.0	807.0	871.0	855.0	923.0	904.0	975.0
42		637.0	624.0	702.0	783.0	845.0	836.0	903.0	890.0	960.0	943.0	1020.0	966.0	1080.0
44	+6 0	699.0	685.0	771.0	859.0	928.0	918.0	991.0	976.0	1050.0	1030.0	1120.0	1090.0	1180.0
46		764.0	749.0	842.0	939.0	1010.0	1000.0	1080.0	1070.0	1150.0	1130.0	1220.0	1190.0	1290.0
48		832.0	816.0	917.0	1020.0	1100.0	1090.0	1180.0	1160.0	1250.0	1230.0	1330.0	1300.0	1400.0
50		903.0	885.0	995.0	1110.0	1200.0	1190.0	1280.0	1260.0	1360.0	1340.0	1440.0	1410.0	1520.0
52		976.0	957.0	1080.0	1200.0	1300.0	1280.0	1380.0	1360.0	1470.0	1450.0	1560.0	1530.0	1650.0
54		1050.0	1030.0	1160.0	1290.0	1400.0	1380.0	1490.0	1470.0	1590.0	1560.0	1680.0	1650.0	1780.0
56		1130.0	1110.0	1250.0	1390.0	1500.0	1490.0	1610.0	1580.0	1710.0	1680.0	1810.0	1770.0	1910.0
58		1210.0	1190.0	1340.0	1490.0	1610.0	1600.0	1720.0	1700.0	1830.0	1800.0	1940.0	1900.0	2050.0
60		1300.0	1270.0	1430.0	1600.0	1730.0	1710.0	1840.0	1820.0	1960.0	1920.0	2080.0	2030.0	2190.0
62		1390.0	1360.0	1530.0	1710.0	1840.0	1820.0	1970.0	1940.0	2090.0	2050.0	2220.0	2170.0	2340.0
64		1480.0	1450.0	1630.0	1820.0	1960.0	1940.0	2100.0	2070.0	2230.0	2190.0	2360.0	2310.0	2500.0
66		1570.0	1540.0	1730.0	1930.0	2090.0	2070.0	2230.0	2200.0	2370.0	2330.0	2510.0	2460.0	2660.0
68		1670.0	1640.0	1840.0	2050.0	2220.0	2190.0	2370.0	2330.0	2520.0	2470.0	2670.0	2610.0	2820.0
70		1770.0	1730.0	1950.0	2180.0	2350.0	2320.0	2510.0	2470.0	2670.0	2620.0	2830.0	2770.0	2990.0
72		1870.0	1840.0	2060.0	2300.0	2480.0	2460.0	2650.0	2610.0	2820.0	2770.0	2990.0	2930.0	3160.0

钢丝绳结构:6×61＋FC　6×61＋IWR													
钢丝绳公称直径		钢丝绳近似重量（kg/100m）			钢丝绳公称抗拉强度（MPa）									
					1470		1570		1670		1770		1870	
					钢丝绳最小破断拉力（kN）									
d (mm)	允许偏差(%)	NF 天然纤维芯钢丝绳	SF 合成纤维芯钢丝绳	IWR/IWS 钢芯钢丝绳	FC 纤维芯钢丝绳	IWR/IWS 钢芯钢丝绳	FC 纤维芯钢丝绳	IWR/IWS 钢芯钢丝绳	FC 纤维芯钢丝绳	IWR/IWS 钢芯钢丝绳	FC 纤维芯钢丝绳	IWR/IWS 钢芯钢丝绳	PC 纤维芯钢丝绳	IWR/IWS 钢芯钢丝绳
74	+6 0	1980.0	1940.0	2180.0	2430.0	2620.0	2600.0	2800.0	2760.0	2980.0	2930.0	3160.0	3090.0	3340.0
76		2090.0	2040.0	2300.0	2560.0	2770.0	2740.0	2960.0	2910.0	3140.0	3090.0	3330.0	3260.0	3520.0
78		2200.0	2150.0	2420.0	2700.0	2920.0	2880.0	3110.0	3070.0	3310.0	3250.0	3510.0	3440.0	3710.0
80		2310.0	2270.0	2550.0	2840.0	3070.0	3030.0	3280.0	3230.0	3480.0	3420.0	3690.0	3610.0	3900.0

主要用途：各种起重、提升和牵引设备。

（4）6×24 圆股钢丝绳（光面和镀锌）

6×24 圆股钢丝绳（光面和镀锌）力学性能见表 3-16。

6×24 圆股钢丝绳力学性能　　　　表 3-16

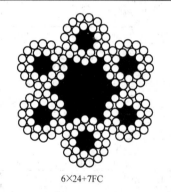

6×24+7FC

钢丝绳结构:6×24＋7FC								
钢丝绳公称直径		钢丝绳近似重量（kg/100m）		钢丝绳公称抗拉强度（MPa）				
				1470	1570	1670	1770	1870
				钢丝绳最小破断拉力（kN）				
d (mm)	允许偏差(%)	NF 天然纤维芯钢丝绳	SF 合成纤维芯钢丝绳	钢丝绳最小破断拉力（kN）				
8	+7 0	20.40	19.50	26.30	28.10	29.90	31.70	33.50
9		25.80	24.60	33.30	35.16	37.90	40.10	42.40
10		31.80	30.04	41.20	44.00	46.80	49.60	52.50
11		38.50	36.80	49.80	53.20	56.60	60.00	63.40
12		45.80	43.80	59.30	63.30	67.30	71.40	75.40

钢丝绳结构:6×24+7FC

钢丝绳公称直径		钢丝绳近似重量 (kg/100m)		钢丝绳公称抗拉强度(MPa)				
				1470	1570	1670	1770	1870
				钢丝绳最小破断拉力(kN)				
d (mm)	允许偏差 (%)	NF 天然纤维 芯钢丝绳	SF 合成纤维 芯钢丝绳	钢丝绳最小破断拉力(kN)				
13	+7 0	53.70	51.40	69.60	74.30	79.00	83.80	88.50
14		62.30	59.60	80.70	86.20	91.00	97.10	103.00
16		81.40	77.80	105.00	113.00	120.00	127.00	134.00
18		103.00	98.50	133.00	142.00	152.00	161.00	170.00
20		127.00	122.00	165.00	176.00	187.00	198.00	209.00
22		154.00	147.00	199.00	213.00	226.00	240.00	253.00
24		183.00	175.00	237.00	253.00	269.00	285.00	302.00
26		215.00	206.00	278.00	297.00	316.00	335.00	354.00
28		249.00	238.00	323.00	345.00	367.00	389.00	411.00
30		286.00	274.00	370.00	396.00	421.00	446.00	471.00
32		326.00	311.00	421.00	450.00	479.00	507.00	536.00
34		368.00	351.00	476.00	508.00	541.00	573.00	605.00
36		412.00	394.00	533.00	570.00	606.00	642.00	679.00
38		459.00	439.00	594.00	635.00	675.00	716.00	756.00
40	+7 0	509.00	486.00	659.00	703.00	748.00	793.00	838.00
42		561.00	536.00	726.00	775.00	825.00	874.00	924.00
44		616.00	589.00	797.00	851.00	905.00	959.00	1010.00
46		673.00	643.00	871.00	930.00	989.00	1050.00	1110.00
48		733.00	700.00	948.00	1010.00	1080.00	1140.00	1210.00
50		795.00	760.00	1030.00	1100.00	1170.00	1240.00	1310.00
52		860.00	822.00	1110.00	1190.00	1260.00	1340.00	1420.00
54		927.00	886.00	1200.00	1280.00	1360.00	1450.00	1530.00
56		997.00	953.00	1290.00	1380.00	1470.00	1550.00	1640.00
58		1070.00	1020.00	1380.00	1480.00	1570.00	1670.00	1760.00
60		1140.00	1090.00	1480.00	1580.00	1680.00	1780.00	1880.00
62		1220.00	1170.00	1580.00	1690.00	1800.00	1910.00	2010.00
64		1300.00	1250.00	1690.00	1800.0	1920.00	2030.00	2140.00
66		1390.00	1320.00	1790.00	1910.00	2040.00	2160.00	2280.00
68		1470.00	1410.00	1900.00	2030.00	2160.00	2290.00	2420.00
70		1560.00	1490.00	2020.00	2150.00	2290.00	2430.00	2570.00
72		1650.00	1580.00	2130.00	2280.00	2420.00	2570.00	2710.00

钢丝绳结构:6×24+7FC							
钢丝绳 公称直径		钢丝绳近似重量 （kg/100m）		钢丝绳公称抗拉强度（MPa）				
				1470	1570	1670	1770	1870
				钢丝绳最小破断拉力（kN）				
d （mm）	允许 偏差 （%）	NF 天然纤维 芯钢丝绳	SF 合成纤维 芯钢丝绳	钢丝绳最小破断拉力（kN）				
74	+7 0	1740.00	1660.00	2250.00	2410.00	2560.00	2710.00	2870.00
76		1840.00	1760.00	2380.00	2540.00	2700.00	2860.00	3020.00
78		1930.00	1850.00	2500.00	2670.00	2840.00	3020.00	3190.00
80		2040.00	1950.00	2630.00	2810.00	2990.00	3170.00	3350.00

主要用途：拖船、货网、浮运木材、捆绑等。

（5）6×19S、6×19W 线接触钢丝绳（光面和镀锌）

6×19S、6×19W 线接触钢丝绳（光面和镀锌）力学性能见表 3-17。

6×19S、6×19W 线接触钢丝绳力学性能　　　　　　　　　表 3-17

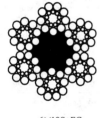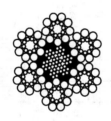

6×19S+FC　　　　　6×19S+IWR　　　　　6×19W+FC　　　　　6×19W+IWR

钢丝绳结构(construction):6×19S＋FC　6×19S＋IWR　6×19W＋FC　6×19W＋IWR															
钢丝绳 公称直径		钢丝绳近似重量 （kg/100m）			钢丝绳公称抗拉强度（MPa）										
					1470		1570		1670		1770		1780		
					钢丝绳最小破断拉力（kN）										
d （mm）	允许 偏差 （%）	NF 天然 纤维 芯钢丝 绳	SF 合成 纤维 芯钢丝 绳	IWR/ IWS 钢芯 钢丝 绳	FC 纤维 芯钢丝 绳	IWR/ IWS 钢芯 钢丝 绳	FC 纤维 芯钢丝 绳	IWR/ IWS 钢芯 钢丝 绳	FC 纤维 芯钢丝 绳	IWR/ IWS 钢芯 钢丝 绳	FC 纤维 芯钢丝 绳	IWR/ IWS 钢芯 钢丝 绳	FC 纤维 芯钢丝 绳	IWR/ IWS 钢芯 铜丝 绳
8	+6 0	23.6	23.0	25.9	31.0	33.5	33.2	35.8	35.3	38.0	37.4	40.3	39.5	42.6
9		29.9	29.1	32.8	39.3	42.4	42.0	45.3	44.6	48.2	47.3	51.0	50.0	53.9
10		36.9	36.0	40.5	48.5	52.3	51.8	55.9	55.1	59.5	58.4	63.0	61.7	66.6
11		44.6	43.5	49.1	58.7	63.3	62.7	67.6	66.7	71.9	70.7	76.2	74.7	80.6
12		53.1	51.8	58.4	69.9	75.4	74.6	80.5	79.4	85.6	84.1	90.7	88.9	95.9
13		62.3	60.8	68.5	82.0	88.4	87.6	94.5	93.1	100.0	98.7	106.0	104.0	113.0

钢丝绳结构(construction):6×19S+FC　6×19S+IWR　6×19W+FC　6×19W+IWR

钢丝绳公称直径		钢丝绳近似重量（kg/100m）			钢丝绳公称抗拉强度（MPa）									
					1470		1570		1670		1770		1780	
					钢丝绳最小破断拉力（kN）									
d（mm）	允许偏差（%）	NF 天然纤维芯钢丝绳	SF 合成纤维芯钢丝绳	IWR/IWS 钢芯钢丝绳	FC 纤维芯钢丝绳	IWR/IWS 钢芯钢丝绳	FC 纤维芯钢丝绳	IWR/IWS 钢芯钢丝绳	FC 纤维芯钢丝绳	IWR/IWS 钢芯钢丝绳	FC 纤维芯钢丝绳	IWR/IWS 钢芯钢丝绳	FC 纤维芯钢丝绳	IWR/IWS 钢芯钢丝绳
14		72.2	70.5	79.5	95.1	103.0	102.0	110.0	108.0	117.0	114.0	124.0	121.0	130.0
16		94.4	92.1	104.0	124.0	134.0	133.0	143.0	141.0	152.0	150.0	161.0	158.0	170.0
18		119.0	117.0	131.0	157.0	170.0	168.0	181.0	179.0	193.0	189.0	204.0	200.0	216.0
20		147.0	144.0	162.0	194.0	209.0	207.0	224.0	220.0	238.0	234.0	252.0	247.0	266.0
22		178.0	174.0	196.0	235.0	253.0	251.0	271.0	267.0	288.0	283.0	305.0	299.0	322.0
24		212.0	207.0	234.0	279.0	301.0	298.0	322.0	317.0	342.0	336.0	363.0	355.0	383.0
26		249.0	243.0	274.0	328.0	354.0	350.0	378.0	373.0	402.0	395.0	426.0	417.0	450.0
28		289.0	282.0	318.0	380.0	410.0	406.0	438.0	432.0	446.0	458.0	494.0	484.0	522.0
30		332.0	324.0	365.0	437.0	471.0	466.0	503.0	496.0	535.0	526.0	567.0	555.0	599.0
32		377.0	369.0	415.0	497.0	536.0	531.0	572.0	564.0	609.00	598.0	645.0	632.0	682.0
34		426.0	416.0	469.0	561.0	605.0	599.0	646.0	637.0	687.0	675.0	728.0	713.0	770.0
36		478.0	466.0	525.0	629.0	678.0	671.0	724.0	714.0	770.0	757.0	817.0	800.0	863.0
38		532.0	520.0	585.0	700.0	756.0	748.0	807.0	796.0	858.0	843.0	910.0	891.0	961.0
40	+6 0	590.0	576.0	649.0	776.00	837.0	829.0	894.0	882.0	951.0	935.0	1010.0	987.0	1070.0
42		650.0	635.0	715.0	856.0	923.0	914.0	986.0	972.0	1050.0	1030.0	1110.0	1090.0	1170.0
44		714.0	679.0	785.0	939.0	1010.0	1000.0	1080.0	1070.0	1150.0	1130.0	1220.0	1190.0	1290.0
46		780.0	761.0	858.0	1030.0	1110.0	1100.0	1180.0	1170.0	1260.0	1240.0	1330.0	1310.0	1410.0
48		849.0	829.0	934.0	1120.0	1210.0	1190.0	1290.0	1270.0	1370.0	1350.0	1450.0	1420.0	1530.0
50		922.0	900.0	1010.0	1210.0	1310.0	1300.0	1400.0	1380.0	1490.0	1460.0	1580.0	1540.0	1660.0
52		997.0	973.0	1100.0	1310.0	1420.0	1400.0	1510.0	1490.0	1610.0	1580.0	1700.0	1670.0	1800.0
54		1070.0	1050.0	1180.0	1410.0	1530.0	1510.0	1630.0	1610.0	1730.0	1700.0	1840.0	1800.0	1940.0
56		1160.0	1130.0	1270.0	1520.0	1640.0	1620.0	1750.0	1730.0	1860.0	1830.0	1980.0	1940.0	2090.0
58		1240.0	1210.0	1360.0	1630.0	1760.0	1740.0	1880.0	1850.0	2000.0	1960.0	2120.0	2080.0	2240.0
60		1330.0	1330.0	1460.0	1750.0	1880.0	1870.0	2010.0	1980.0	2140.0	2100.0	2270.0	2220.0	2400.0
62		1420.0	1380.0	1560.0	1860.0	2010.0	1990.0	2150.0	2120.0	2290.0	2250.0	2420.0	2370.0	2560.0
64		1510.0	1470.0	1660.0	1990.0	2140.0	2120.0	2290.0	2260.0	2440.0	2390.0	2580.0	2530.0	2730.0
66		1610.0	1570.0	1770.0	2110.0	2280.0	2260.0	2430.0	2400.0	2590.0	2540.0	2740.0	2690.0	2900.0
68		1700.0	1660.0	1870.0	2240.0	2420.0	2400.0	2580.0	2550.0	2750.0	2700.0	2910.0	2850.0	3080.0
70		1810.0	1760.0	1990.0	2380.0	2560.0	2540.0	2740.0	2700.0	2910.0	2860.0	3090.0	3020.0	3260.0

钢丝绳结构(construction):6×19S+FC　6×19S+IWR　6×19W+FC　6×19W+IWR

钢丝绳公称直径		钢丝绳近似重量（kg/100m）			钢丝绳公称抗拉强度（MPa）									
					1470		1570		1670		1770		1780	
					钢丝绳最小破断拉力（kN）									
d（mm）	允许偏差（%）	NF天然纤维芯钢丝绳	SF合成纤维芯钢丝绳	IWR/IWS钢芯钢丝绳	FC纤维芯钢丝绳	IWR/IWS钢芯钢丝绳	FC纤维芯钢丝绳	IWR/IWS钢芯钢丝绳	FC纤维芯钢丝绳	IWR/IWS钢芯钢丝绳	FC纤维芯钢丝绳	IWR/IWS钢芯钢丝绳	FC纤维芯钢丝绳	IWR/IWS钢芯钢丝绳
72	+6 0	1910.0	1870.0	2100.0	2510.0	2710.0	2690.0	2900.0	2860.0	3080.0	3060.0	3270.0	3200.0	3450.0
74		2020.0	1970.0	2220.0	2660.0	2870.0	2840.0	3060.0	3020.0	3260.0	3200.0	3450.0	3380.0	3650.0
76		2130.0	2080.0	2340.0	2800.0	3020.0	2990.0	3230.0	3180.0	3430.0	3370.0	3640.0	3560.0	3850.0
78		2240.0	2190.0	2470.0	2950.0	3180.0	3150.0	3400.0	3350.0	3620.0	3550.0	3830.0	3750.0	4050.0
80		2360.0	2300.0	2590.0	3100.0	3350.0	3320.0	3580.0	3530.0	3800.0	3740.0	4030.0	3950.0	4260.0

主要用途：各种起重、提升和牵引设备、港口装卸、高炉卷扬、石油钻井、金属芯绳适用于冲击负荷，受热挤压条件下。

第二节　吊　钩

吊钩属于起重机上重要取物装置之一。吊钩若使用不当，容易造成损坏和折断而发生重大事故，因此，必须加强对吊钩进行经常性的安全技术检验。

一、吊钩分类

吊钩按制造方法可分为锻造吊钩和片式吊钩。锻造吊钩又可分为单钩和双钩，如图3-8（a）、（b）所示。单钩一般用于小起重量，双钩多用于较大的起重量。锻造吊钩材料采用优质低碳镇静钢或低碳合金钢，如20优质低碳钢、16Mn，20MnSi、36MnSi。片式

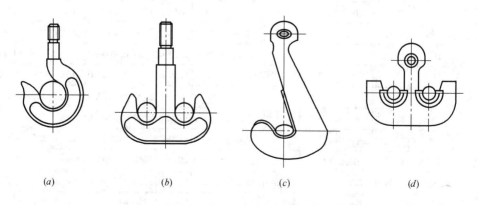

（a）　　　　　　（b）　　　　　　（c）　　　　　　（d）

图 3-8　吊钩的种类
（a）锻造单钩；（b）锻造双钩；（c）片式单钩；（d）片式双钩

吊钩由若干片厚度不小于 20mm 的 C3、20 或 16Mn 的钢板铆接起来。片式吊钩也有单钩和双钩之分，如图 3-8（c）和图 3-8（d）所示。

片式吊钩比锻造吊钩安全，因为吊钩板片不可能同时断裂，个别板片损坏还可以更换。吊钩按钩身（弯曲部分）的断面形状分为圆形、矩形、梯形和 T 字形断面吊钩。

二、吊钩安全技术要求

吊钩应有出厂合格证明，在低应力区应有额定起重量标记。

1. 吊钩的危险断面

对吊钩的检验，必须先了解吊钩的危险断面所在，通过对吊钩的受力分析，可以了解吊钩的危险断面有 3 个。

如图 3-9 所示，假定吊钩上吊挂重物的重量为 Q，由于重物重量通过钢丝绳作用在吊钩的 I—I 断面上，有把吊钩切断的趋势，该断面上受剪应力；由于重量 Q 的作用，在 III—III 断面，有把吊钩拉断的趋势，这个断面就是吊钩钩尾螺纹的退刀槽，这个部位受拉应力；由于 Q 力对吊钩产生拉、剪力之后，还有把吊钩拉直的趋势，也就是对 I—I 断面以左的各断面除受拉力以外，还受到力矩的作用。因此，II—II 断面受 Q 的拉力，使整个断面受剪应力，同时受力矩的作用。另外，III—III 断面的内侧受拉应力，外侧受压应力，根据计算，内侧拉应力比外侧压应力大一倍多。吊钩做成内侧厚、外侧薄就是这个道理。

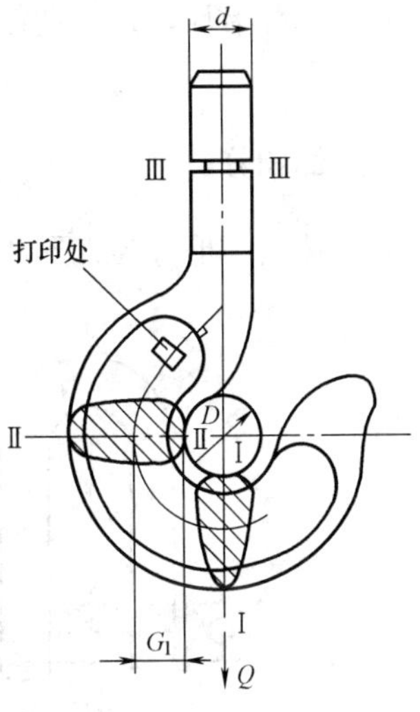

2. 吊钩的检验

吊钩的检验一般先用煤油洗净钩身，然后用 20 倍放大镜检查钩身是否有疲劳裂纹，特别对危险断面的检查要认真、仔细。钩柱螺纹部分的退刀槽是应力集中处，要注意检查有无裂缝。对板钩还应检查衬套、销子、小孔、耳环及其他紧固件是否有松动、磨损现象。对一些大型、重型起重机的吊钩还应采用无损探伤法检验其内部是否存在缺陷。

3. 吊钩的保险装置

吊钩必须装有可靠防脱棘爪（吊钩保险），防止工作时索具脱钩，如图 3-10 所示。

图 3-9　吊钩的危险断面

三、吊钩的报废

吊钩禁止补焊，有下列情况之一的，应予以报废：
（1）用 20 倍放大镜观察表面有裂纹。
（2）钩尾和螺纹部分等危险截面及钩筋有永久性变形。
（3）挂绳处截面磨损量超过原高度的 10%。
（4）心轴磨损量超过其直径的 5%。
（5）开口度比原尺寸增加 15%。

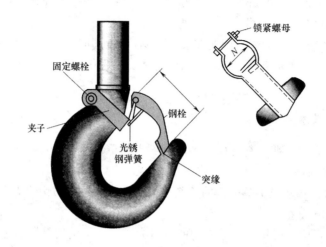

图 3-10 吊钩的防脱棘爪

第三节 卸 扣

卸扣又称卡环，是起重作业中广泛使用的连接工具，它与钢丝绳等索具配合使用，拆装颇为方便。

一、卸扣分类

卸扣按其外形分为直形和椭圆形两种，如图 3-11 所示。

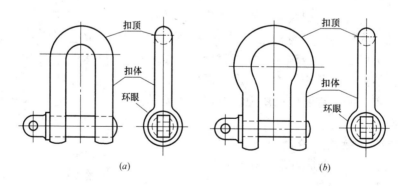

图 3-11 卸扣

（a）直形卸扣；（b）椭圆形卸扣

按活动销轴的形式分为销子式和螺栓式，如图 3-12 所示。常用的是螺栓式。

二、卸扣使用注意事项

（1）卸扣必须是锻造的，一般是用 20 号钢锻造后经过热处理而制成的，以便消除残余应力和增加其韧性，不能使用铸造和补焊的卡环。

（2）使用时不得超过规定的荷载，应使销轴与扣顶受力，不能横向受力。横向使用会

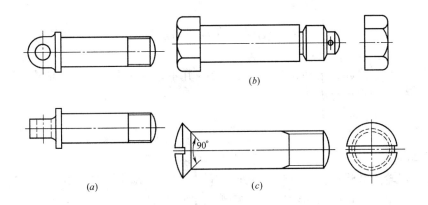

图 3-12　销轴的几种形式

(a) W 形，带有环眼和台肩的螺纹销轴；

(b) X 形，六角头螺栓、六角螺母和开口销；(c) Y 形，沉头螺钉

造成扣体变形。

（3）吊装时使用卸扣绑扎，在吊物起吊时应使扣顶在上，销轴在下，如图 3-13 所示，使绳扣受力后压紧销轴，销轴因受力，在销孔中产生摩擦力，使销轴不易脱出。

（4）不得从高处往下抛掷卸扣，以防止卸扣落地碰撞变形或内部产生损伤及裂纹。

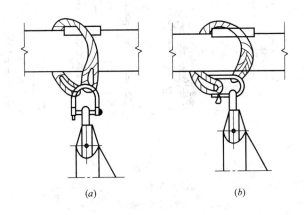

图 3-13　卸扣的使用示意图

(a) 正确的使用方法；(b) 错误的使用方法

三、卸扣的报废

卸扣出现以下情况之一时，应予以报废：

（1）裂纹。

（2）磨损达原尺寸的 10%。

（3）本体变形达原尺寸的 10%。

（4）横销变形达原尺寸的 5%。

（5）螺栓坏扣或滑扣。

（6）卸扣不能闭锁。

第四节　滑车和滑车组

滑车和滑车组是起重吊装、搬运作业中较常用的起重工具。滑车一般由吊钩（链环）、滑轮、轴、轴套和夹板等组成。

一、滑车

1. 滑车的种类

滑车按滑轮的数量可分为单门（一个滑轮）、双门（两个滑轮）和多门几种；按连接件的结构形式不同，可分为吊钩型、链环型、吊环型、吊梁型4种；按滑车的夹板形式不同，可分为开口滑车和闭口滑车两种，如图3-14所示。开口滑车的夹板可以打开，便于装入绳索，一般都是单门，常用在拔杆脚等处作导向用。滑车按使用方式不同，又可分为定滑车和动滑车两种。定滑车在使用中是固定的，可以改变用力的方向，但不能省力；动滑车在使用中是随着重物移动而移动的，它能省力，但不能改变力的方向。

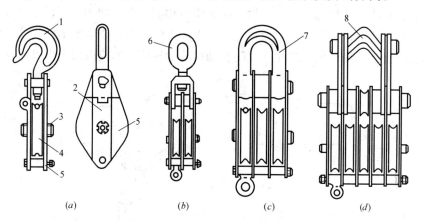

(a)　　　　　　　(b)　　　　　　　(c)　　　　　　　(d)

图 3-14　滑车

（a）单门开口吊钩型；（b）双门闭口链环型；（c）三门闭口吊环型；（d）三门吊梁型

1—吊钩；2—拉杆；3—轴；4—滑轮；5—夹板；6—链环；7—吊环；8—吊梁

2. 滑车的允许荷载

滑车的允许荷载，可根据滑轮和轴的直径确定，一般滑车上都有标明，使用时应根据其标定的数值选用，同时滑轮直径还应与钢丝绳直径匹配。

双门滑车的允许荷载为同直径单门滑车允许荷载的两倍，三门滑车为单门滑车的3倍，以此类推。同样，多门滑车的允许荷载就是它的各滑轮允许荷载的总和。因此，如果知道某一个四门滑车的允许荷载为20000kgf，则其中一个滑轮的允许荷载为5000kgf。即对于这四门滑车，若工作中仅用一个滑轮，只能负担5000kgf；用两个，只能负担10000kgf，只有4个滑轮全用时才能负担20000kgf。

二、滑车组

滑车组是由一定数量的定滑车和动滑车及绕过它们的绳索组成的简单起重工具。它能省力，也能改变力的方向。

1. 滑车组的种类

滑车组根据跑头引出的方向不同，可以分为跑头自动滑车引出和跑头自定滑车引出两种。图 3-15（a）所示，跑头自动滑车引出，这时用力的方向与重物移动的方向一致；图 3-15（b）所示，是跑头自定滑车绕出，这时用力的方向与重物移动的方向相反。在采用多门滑车进行吊装作业时常采用双联滑车组，如图 3-15（c）所示，是双联滑车组有两个跑头，可用两台卷扬机同时牵引，其速度快一倍，滑车组受力比较均衡，滑车不易倾斜。

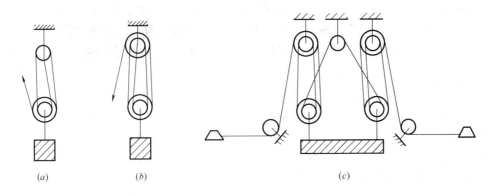

图 3-15　滑车组的种类

（a）跑头自动滑车绕出；（b）跑头自定滑车绕出；（c）双联滑车组

2. 滑车组绳索的穿法

滑车组中绳索有普通穿法和花穿法两种。普通穿法是将绳索自一侧滑轮开始，顺序地穿过中间的滑轮，最后从另一侧的滑轮引出，如图 3-16（a）所示。滑车组在工作时，由于两侧钢丝绳的拉力相差较大，跑头 7 的拉力最大，第 6 根为次，顺次至固定头受力最小，所以滑车在工作中不平稳。花穿法（图 3-16b）的跑头从中间滑轮引出，两侧钢丝绳的拉力相差较小，所以能克服普通穿法的缺点。在用"三三"以上的滑车组时，最好用花穿法。滑车组中动滑车上穿绕绳子的根数，习惯上叫"走几"，如动滑车上穿绕三根绳子，叫"走三"，穿绕四根绳子，叫"走四"。

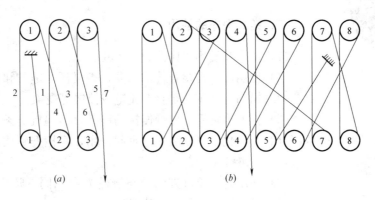

图 3-16　滑车组的穿法

（a）普通穿法；（b）花穿法

三、滑车及滑车组使用注意事项

（1）使用前应查明标识的允许荷载，检查滑车的轮槽、轮轴、夹板、吊钩（链环）等有无裂缝和损伤，滑轮转动是否灵活。

（2）滑车组绳索穿好后，要慢慢地加力，绳索收紧后应检查各部分是否良好，有无卡绳现象。

（3）滑车的吊钩（链环）中心，应与吊物的重心在一条垂线上，以免吊物起吊后不平稳，滑车组上下滑车之间的最小距离应根据具体情况而定，一般为 700～1200mm。

（4）滑车在使用前、后都要刷洗干净，轮轴要加油润滑，防止磨损和锈蚀。

（5）为了提高钢丝绳的使用寿命，滑轮直径最小不得小于钢丝绳直径的 16 倍。

四、滑车的报废

滑车出现下列情况之一的，应予以报废：

（1）裂纹或轮缘破损。

（2）滑轮绳槽壁厚磨损量达原壁厚的 20%。

（3）滑轮底槽的磨损量超过相应钢丝绳直径的 25%。

第五节　链式滑车

一、链式滑车的类型和用途

链式滑车又称"捯链"、"手拉葫芦"。它适用于小型设备和物体的短距离吊装，可用来拉紧缆风绳，以及用在构件或设备运输时拉紧捆绑的绳索，如图 3-17 所示。链式滑车

具有结构紧凑、手拉力小、携带方便、操作简单等优点，它不仅是起重常用的工具，也常用作机械设备的检修拆装工具。

链式滑车可分为环链蜗杆滑车、片状链式蜗杆滑车和片状链式齿轮滑车等。

二、链式滑车的使用

链式滑车在使用时应注意以下几点：

（1）使用前，需检查传动部分是否灵活，链子和吊钩及轮轴是否有裂纹损伤，手拉链是否有跑链或掉链等现象。

（2）挂上重物后，要慢慢拉动链条，当起重链条受力后再检查各部分有无变化，自锁装置是否起作用，经检查确认各部分情况良好后，方可继续工作。

（3）使用时，拉链方向应与链轮方向相同，防止手拉链脱槽，拉链时力量要均匀，不能过快过猛。

图 3-17　链式滑车

（4）当手拉链拉不动时，应查明原因，不能增加人数猛拉，以免发生事故。

（5）起吊重物中途停止的时间较长时，要将手拉链拴在起重链上，以防时间过长而自锁失灵。

（6）转动部分要经常上油，保证润滑，减少磨损，但切勿将润滑油渗进摩擦片内，以防自锁失灵。

第六节　螺　旋　扣

螺旋扣又称"花篮螺栓"（如图 3-18 所示）其主要用在张紧和松弛拉索、缆风绳等，故又被称为"伸缩节"。其形式有多种，尺寸大小则随负荷轻重而有所不同，其结构形式如图 3-19 所示。

图 3-18　螺旋扣

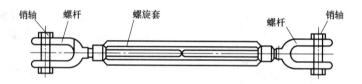

图 3-19　螺旋扣结构示意图

螺旋扣的使用应注意以下事项：
（1）使用时应钩口向下；
（2）防止螺纹轧坏；
（3）严禁超负荷使用；
（4）长期不用时，应在螺纹上涂好防锈油脂。

第七节　千　斤　顶

千斤顶是一种用较小的力将重物提高、降低或移位的简单而方便的起重设备。千斤顶构造简单，使用轻便，便于携带，工作时无振动与冲击，能保证把重物准确地停在一定的高度上，升举重物时，不需要绳索、链条等，但行程短，加工精度要求较高。

一、千斤顶的分类

千斤顶有齿条式、螺旋式和液压式三种基本类型。

1. 齿条式千斤顶

齿条式千斤顶又叫起道机，由金属外壳、装在壳内的齿条、齿轮和手柄等组成。在路基路轨的铺设中常用到齿条式千斤顶，如图 3-20 所示。

2. 螺旋千斤顶

螺旋千斤顶常用的是 LQ 型，如图 3-21 所示。它由棘轮组 1、小锥齿轮 2、升降套筒 3、锯齿形螺杆 4、铜螺母 5、大锥齿轮 6、推力轴承 7、主架 8、底座 9 等部件组成。

图 3-20　齿条式千斤顶

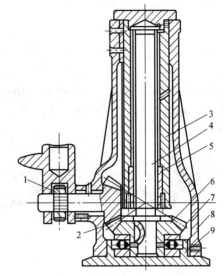

图 3-21　螺旋式千斤顶

1—棘轮组；2—小锥齿轮；3—升降套筒；4—锯齿形螺杆；

5—铜螺母；6—大锥齿轮；7—推力轴承；

8—主架；9—底座

3. 液压千斤顶

常用的液压千斤顶为 YQ 型，其构造如图 3-22 所示。

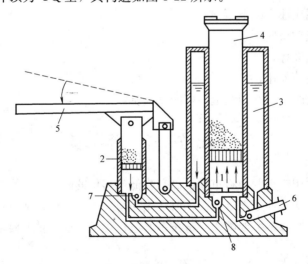

图 3-22　液压千斤顶的构造

1—油室；2—油泵；3—储油腔；4—活塞；5—摇把；6—回油阀；7—油泵进油门；8—油室进油门

二、千斤顶使用注意事项

（1）千斤顶使用前应拆洗干净，并检查各部件是否灵活，有无损伤，液压千斤顶的阀门、活塞、皮碗是否良好，油液是否干净。

（2）使用时，应放在平整坚实的地面上，如地面松软，应铺设方木以扩大承压面积。设备或物件的被顶点应选择坚实的平面部位并应清洁至无油污，以防打滑，还须加垫木板以免顶坏设备或物件。

（3）严格按照千斤顶的额定起重量使用千斤顶，每次顶升高度不得超过活塞上的标志。

（4）在顶升过程中要随时注意千斤顶的平整直立，不得歪斜，防止倾倒，不得任意加长手柄或操作过猛。

（5）操作时，先将物件顶起一点高度后暂停，检查千斤顶、枕木垛、地面和物件等的情况是否良好，如发现千斤顶和枕木垛不稳等情况，必须处理后才能继续工作。顶升过程中，应设保险垫，并要随顶随垫，其脱空距离应保持在50mm以内，以防千斤顶倾倒或突然回油而造成事故。

（6）用两台或两台以上千斤顶同时顶升一个物件时，要有统一指挥，动作一致，升降同步，保证物件平稳。

（7）千斤顶应存放在干燥、无尘土的地方，避免日晒雨淋。

第八节 卷 扬 机

卷扬机在建筑施工中使用广泛，它可以单独使用，也可以作为其他起重机械的卷扬机构。

一、卷扬机的构造和分类

卷扬机是由电动机、齿轮减速器、卷筒、制动器等构成。载荷的提升和下降均为一种速度，由电机的正反转控制。

卷扬机按卷筒数分为单筒、双筒、多筒卷扬机；按速度分为快速、慢速卷扬机。常用的有电动单筒和电动双筒卷扬机。图3-23所示为一种单筒电动卷扬机的结构示意图。

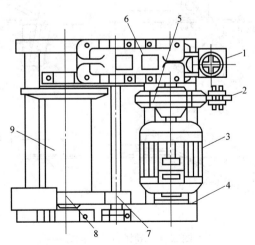

图3-23 单筒电动卷扬机结构示意图

1—控制器；2—电磁制动器；3—电动机；4—底盘；5—联轴器；6—减速器；7—小齿轮；8—大齿轮；9—卷筒

二、常用卷扬机的基本参数

慢速卷扬机的基本参数见表 3-18。

表 3-18

慢速卷扬机的基本参数

基本参数 \ 型式	单筒						
钢丝绳额定拉力(t)	3	5	8	12	20	32	50
卷筒容绳量(m)	150	150	400	600	700	800	800
钢丝绳平均速度(m/min)	9～12			8～11		7～10	
钢丝绳直径不小于(mm)	15	20	26	31	40	52	65
卷筒直径 D	$D \geqslant 18d$						

快速卷扬机的基本参数见表 3-19。

表 3-19

快速卷扬机的基本参数

基本参数 \ 型式	单筒						双筒			
钢丝绳额定拉力(t)	0.5	1	2	3	5	8	2	3	5	8
卷筒容绳量(m)	100	120	150	200	350	500	150	200	350	500
钢丝绳平均速度(m/min)	30～40		30～35		28～32		30～35		28～32	
钢丝绳直径不小于(mm)	7.7	9.3	13	5	20	26	13	15	20	26
卷筒直径 D	$D > 18d$									

三、卷扬机的固定和布置

1. 卷扬机的固定

卷扬机必须用地锚予以固定，以防工作时产生滑动或倾覆。根据受力大小，固定卷扬机的方法大致有螺栓锚固法、水平锚固法、立桩锚固法和压重锚固法四种，如图 3-24 所示。

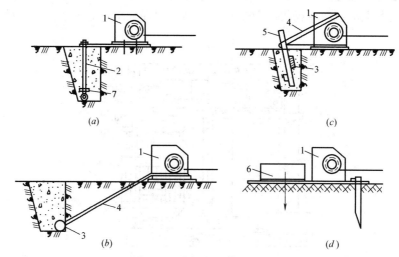

图 3-24 卷扬机的锚固方法

(a) 螺栓锚固法；(b) 水平锚固法；(c) 立桩锚固法；(d) 压重锚固法

1—卷扬机；2—地脚螺栓；3—横木；4—拉索；5—木桩；6—压重；7—压板

2. 卷扬机布置

卷扬机的布置（即安装位置）应注意下列几点：

（1）卷扬机安装位置周围必须排水通畅并应搭设工作棚。

（2）卷扬机的安装位置应能使操作人员看清指挥人员和起吊或拖动的物件，操作者视线仰角应小于45°。

（3）在卷扬机正前方应设置导向滑车，如图3-25所示，导向滑车至卷筒轴线的距离，带槽卷筒应不小于卷筒宽度的15倍，即倾斜角 α 不大于2°；无槽卷筒应大于卷筒宽度的20倍，以免钢丝绳与导向滑车槽缘产生过度的磨损。

（4）钢丝绳绕入卷筒的方向应与卷筒轴线垂直，其垂直度允许偏差为6°，这样能使钢丝绳圈排列整齐，不致斜绕和互相错叠挤压。

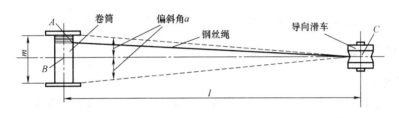

图3-25 卷扬机的布置

四、卷扬机使用注意事项

（1）作用前，应检查卷扬机与地面的固定、安全装置、防护设施、电气线路、接零或接地线、制动装置和钢丝绳等，全部合格后方可使用。

（2）使用皮带或开式齿轮的转动部分，均应设防护罩，导向滑轮不得用开口拉板式滑轮。

（3）正反转卷扬机卷筒旋转方向应在操纵开关上有明确标识。

（4）卷扬机必须有良好的接地或接零装置，接地电阻不得大于10Ω；在一个供电网路上，接地或接零不得混用。

（5）卷扬机使用前要先做空载正、反转试验，检查运转是否平稳，有无不正常响声；传动、制动机构是否灵敏可靠；各紧固件及连接部位有无松动现象；润滑是否良好，有无漏油现象。

（6）钢丝绳的选用应符合原制造厂说明书规定。卷筒上的钢丝绳全部放出时应留有不少于3圈；钢丝绳的末端应固定牢靠；卷筒边缘外周至最外层钢丝绳的距离应不小于钢丝绳直径的1.5倍。

（7）钢丝绳应与卷筒及吊笼连接牢固，不得与机架或地面摩擦，通过道路时，应设过路保护装置。

（8）卷筒上的钢丝绳应排列整齐，当重叠或斜绕时，应停机重新排列，严禁在转动中用手拉脚踩钢丝绳。

（9）作业中，任何人不得跨越正在作业的卷扬钢丝绳。物件提升后，操作人员不得离开卷扬机，物件或吊笼下面严禁人员停留或通过。休息时应将物件或吊笼降至地面。

（10）作业中如发现异响、制动不灵、制动装置或轴承温度剧烈上升等异常情况时，应立即停机检查，排除故障后方可使用。

（11）作业中停电或者休息时，应切断电源，将提升物件或吊笼降至地面，操作人员离开现场应锁好开关箱。

第九节 地 锚

地锚又称锚桩、拖拉坑，起重作业中不但能固定卷扬机，而且常用地锚来固定拖拉绳、缆风绳、导向滑轮等，制作地锚的材料可选用木材、钢材或混凝土等。

一、地锚的分类

地锚按设置形式分有桩式地锚和水平地锚（卧式地锚）两种。

二、地锚的构造

1. 桩式地锚

桩式地锚地是以角钢、钢管或圆木作锚桩，垂直或斜向（向受拉的反方向倾斜）打入土中，依靠土壤对桩体的嵌固和稳定作用，使其承受一定的拉力；锚桩长度一般为 1.5～2.0m，入土深度为 1.2～1.5m。按照不同使用要求又可分为一排、两排或三排打入土中，生根钢丝绳拴在距地面约 50mm 处。同时，为了增加桩的锚固力，在其前方距地面约 400～900mm 深处，紧贴桩木埋置较长的挡木一根，如图 3-26 所示。

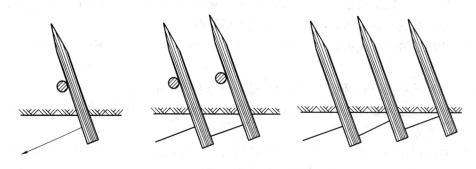

图 3-26 桩式地锚

2. 水平地锚（卧式地锚）

水平地锚是将几根圆木或方木或者型钢用钢丝绳捆绑在一起，横卧在预先挖好的锚坑坑底，绳索捆扎在材料上从坑的前端槽中引出，绳与地面的夹角应等于缆风绳与地面的夹角，埋好后用土石回填夯实即可。圆木的数量应根据地锚受力的大小和土质而定，圆木的长度为 1～1.5m，一般埋入深度为 1.5～2m 时，可承受拉力 30～150kN。但是卧式地锚承受拉力时既有水平分力又有垂直向上分力，并形成一个向上拔的力，当拉力超过 75kN 时，地锚横木上应增加压板加固，扩大其受压面积，降低土壁的侧向压力。当拉力大于 150kN 时，应用立柱和木壁加强，以增加上部的横向抵抗力，如图3-27所示。

以上是施工现场常见的地锚形式。另外，还有混凝土锚桩、活动地锚等形式。

三、各种地锚的适用范围

1. 桩式地锚

适用于固定作用力不大的系统，如受力不大的缆风。桩式地锚承受拉力较小，但设置简便，因此被普遍采用，但在结构吊装中很少使用。

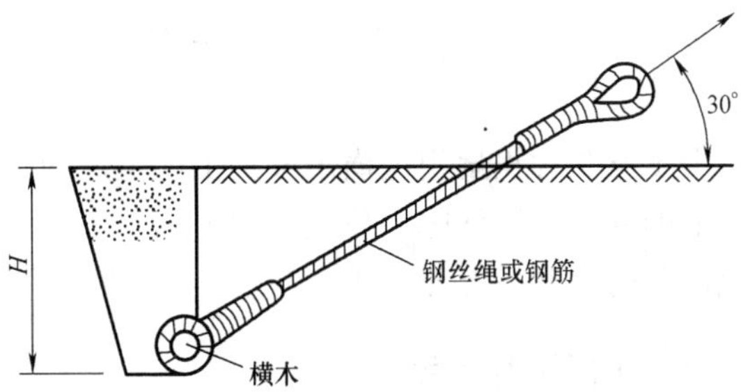

2. 水平地锚（卧式地锚）

常用在普通系缆、桅杆或起重机上。其作用荷载能力不大于 75kN，超过 75kN 须进行加固后使用。

图 3-27　卧式地锚

四、使用要点及注意事项

（1）设置地锚应埋设在土质坚硬的地方，地锚埋设后地面应平整，地面不潮湿，不得有积水。

（2）埋入的横担木必须进行严格选择，木质地锚的材质应使用落叶松、杉木，严禁使用油松、杨木、柳木、桦木。不得使用腐朽、严重裂纹或木节较多的木料。埋设时间较长时，应做好防腐处理。受力较大时，横担木要用管子或角钢包好，以增加横担木强度。

（3）卧木上绑扎的钢丝绳生根可采用编接或卡接，使其牢固可靠。

（4）地锚应根据负荷大小、地锚的分布及埋设深度，并根据不同土质及地锚的受力情况经计算确定。通过计算确定（包括活动地锚）埋设后需进行试拉。受力很大的地锚（如重型桅杆式起重机和缆索起重机的缆风地锚）应用钢筋混凝土制作，其尺寸、混凝土强度等级及配筋情况须经专门设计确定。

（5）使用时，引出钢丝绳的方向应与地锚受力方向一致，并做好防腐处理。地锚使用前必须进行试拉，合格后方能使用。

（6）地锚坑宜挖成直角梯形状，坡度与垂线的夹角以 15°为宜。地锚深度根据现场综合情况决定；地锚埋设后应进行详细检查，才能正式使用。试吊时应指定专人看守，使用时要有专人负责巡视，如发生变形，应立即采取措施加固。

（7）地锚附近不准开挖取土，否则容易造成锚桩处土壁松动。同时，地锚拉绳与地面的夹角应保持在 30°左右，角度过大会造成地锚承受过大的竖向拉力。

（8）拖拉绳与水平面的夹角一般以 30°以下为宜，地锚坑在引出线露出地面的位置，前方坑深 2.5 倍范围及基坑两侧 2m 以内，不得有地沟、电缆、地下管道等构筑物以及临时挖沟等，如有地下障碍物，要向远处移动地锚位置。

（9）固定的建筑物和构筑物，可以利用其作为地锚，但必须经过核算。树木、电线杆等严禁作为地锚使用。

（10）禁止将地锚铺设在松软回填土内或利用不可靠的物体作为吊装用的地锚。

第十节 平 衡 梁

平衡梁又称铁扁担、横吊梁。工厂生产的平衡梁是采用优质低碳合金钢精制而成，3倍以上的安全系数保障，载重范围 1～100t。新制造的平衡梁都应进行验证，应用 1.25 倍的额定载荷试验后方能使用。

一、平衡梁的特点

平衡梁构造简易，动作灵活，使用方便，吊运安全可靠。主要用于柱和屋架的吊装及细长物件等的吊装搬运。采用平衡梁吊柱子，柱身容易保持垂直；吊屋架时可降低起吊高度及吊索拉力和吊索对构件的压力，构件不会出现变形损坏。因此，平衡梁在起重吊装作业中使用较普遍。

二、平衡梁的种类

常用的平衡梁包括以下几种：

（1）滑轮平衡梁：滑轮横吊梁一般用于安装小于 8t 重的柱子；能够保证在起吊和直立柱子时，使吊索受力均匀，柱子易于垂直，便于就位。

（2）钢板平衡梁：主要用于吊装 12t 以下的柱子。

（3）桁架平衡梁：用于双机抬吊安装柱子，能够使吊索受力均匀，柱子吊直后能够绕转轴旋转，便于就位。

（4）钢管平衡梁：主要用于屋架吊装，能够降低起吊高度，减小吊索的水平分力对屋架的压力。钢管应采用无缝钢管，长度一般为 6～12m。

（5）桁架式平衡梁：吊装大跨度屋架时采用，长度一般为 12m。

（6）三角形桁架式平衡梁：当屋架翻身或跨度很大需多点起吊时可采用。

（7）型钢平衡梁：如 H 形钢结构，T 形梁，双 C 形钢结构，工字钢结构，箱式结构。另外还有单梁、双梁、井字梁等多种式样。

三、平衡梁的作用

平衡梁主要作用表现在：（1）横吊梁利用杠杆原理，可以加大起重机的吊装范围，缩短吊索长度，增加起重机提升的有效高度，减小起吊高度，改变吊索的受力方向，降低吊索内力和消除吊索对构件的压力，避免物体受过大的水平压力。（2）满足吊索水平夹角的要求，使构件保持垂直、横平，便于安装。如，吊装柱子时容易使柱子立直而便于安装、校正；吊屋架等构件时，可以降低起升高度和减少对构件的水平压力；抬吊机械设备时，应用平衡梁在吊装过程中既能保持平衡，又能不被起重吊索擦伤，还能在起重吊运过程中使其变形最小。再如，平衡梁在钢结构加工车间中吊运钢板，使钢板平整吊运。

第四章 常用起重机械

第一节 起重机械的分类及基本参数

一、起重机械分类

根据现行国家标准《起重机械分类》（GB/T 20776—2006）规定，起重机械分类如下：

1. 轻小型起重设备

轻小型起重设备包括：千斤顶、滑车、起重葫芦、卷扬机等。

2. 起重机

（1）桥架型起重机：架式起重机、桥式起重机、门式起重机、半门式起重机、装卸桥。

（2）臂架型起重机：固定式起重机、台架式起重机、门座起重机、半门座起重机、塔式起重机、铁路起重机、流动式起重机、浮式起重机、甲板起重机、桅杆起重机、旋臂起重机。

（3）缆索型起重机：缆索起重机、门式缆索起重机。

（4）升降机：升船机、启闭机、施工升降机、举升机。

（5）工作平台：桅杆爬升式升降工作平台、移动式升降工作平台。

（6）机械式停车设备：升降横移类机械停车设备、垂直循环类、水平循环类、多层循环类、平面移动类、巷道堆垛类、垂直升降类、简易升降类机械停车设备以及汽车专用升降机。

二、起重机的基本参数

起重机的基本参数是表征起重机工作性能的指标，也是施工现场选用起重机械的主要技术依据，它包括：起重量、起升高度、起重力矩、幅度、工作速度、结构重量和结构尺寸等。

1. 起重量

起重量是吊钩能吊起的重量，其中包括吊索、吊具及容器的重量。起重机允许起升物料的最大起重量称为额定起重量。通常情况下所讲的起重量，都是指额定起重量。

对于幅度可变的起重机，如塔式起重机、汽车起重机、履带起重机、门座起重机等臂架型起重机，起重量因幅度的改变而改变，因此每台起重机都有自己本身的起重量与起重幅度的对应表，称起重特性表。表 4-1 为 QT63 型塔式起重机起重特性表。根据两者关系所作的坐标曲线图称为特性曲线图，图 4-1 所示为 QT63 型塔式起重机起重特性曲线。

QT63 型塔式起重机起重特性表 表 4-1

幅度(m)		2~13.72	14	14.48	15	16	17	18	19
吊重(kg)	2绳	3000	3000	3000	3000	3000	3000	3000	3000
	4绳	6000	5865	5646	5426	5046	4712	4417	4154

幅度(m)		20	21	22	23	24	25	25.23	26	26.67
吊重(kg)	2绳	3000	3000	3000	3000	3000	3000	3000	2897	2812
	4绳	3918	3706	3514	3339	3180	3032			

幅度(m)		27	28	29	30	31	32	33	34	35
吊重(kg)	2绳	2772	2656	2549	2449	2355	2268	2186	2108	2036
	4绳									

幅度(m)		36	37	38	39	40	41	42	43	44
吊重(kg)	2绳	1967	1902	1841	1783	1728	1676	1626	1578	1533
	4绳									

幅度(m)		45	46	47	48	49	50
吊重(kg)	2绳	1490	1449	1409	1371	1335	1300
	4绳						

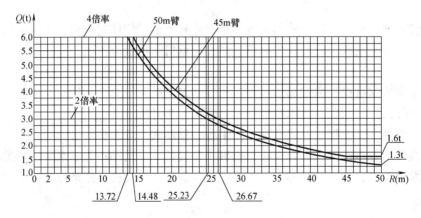

图 4-1　QT63 型塔式起重机起重特性曲线

在起重作业中，了解起重设备在不同幅度处的额定起重量非常重要，在已知所吊物体重量的情况下，根据起重特性表和特性曲线就可以得到起重的安全作业距离（幅度）。

2. 起重力矩

起重量与相应幅度的乘积称为起重力矩，常用计量单位为吨·米（t·m），标准计量单位为 kN·m。换算关系：1t·m ＝ 10kN·m。额定起重力矩是起重机工作能力的重要参数，它是起重机工作时保持其稳定性的控制值。起重机的起重量随着幅度的增加而相应递减。

3. 起升高度

起重机吊具最高和最低工作位置之间的垂直距离称为起升范围。起重吊具的最高工作位置与起重机的水平地平面之间的垂直距离称为起升高度，也称吊钩有效高度。塔式起重机起升高度为混凝土基础表面（或行走轨道顶面）到吊钩的垂直距离。

4. 幅度

起重机置于水平场地时，空载吊具垂直中心线至回转中心线之间的水平距离称为幅度，当臂架倾角最小或小车离起重机回转中心距离最大时，起重机幅度为最大幅度；反之，为最小幅度。

5. 工作速度

工作速度，按起重机工作机构的不同，主要包括起升（下降）速度、起重机（大车）运行速度、变幅速度、回转速度等。

（1）起升（下降）速度，是指稳定运动状态下，额定载荷的垂直位移速度（m/min）。

（2）起重机（大车）运行速度，是指稳定运行状态下，起重机在水平路面或轨道上，带额定载荷的运行速度（m/min）。

（3）变幅速度，是指稳定运动状态下，吊臂挂最小额定载荷，在变幅平面内从最大幅度至最小幅度的水平位移平均速度（m/min）。

（4）回转速度，是指稳定运动状态下，起重机转动部分的回转速度（r/min）。

6. 结构重量

起重机的各部件的重量，是起重机械运行、通过、组装时的重要数据。

7. 结构尺寸

移动式起重机的结构尺寸可分为行驶尺寸、运输尺寸和工作尺寸，可保证起重机械的顺利转场和工作时的环境适应。固定式起重机的外形尺寸是考虑环境影响的重要依据，例如塔式起重机的尾部与周围建筑物及其外围施工设施之间的安全距离不小于0.6m。

第二节 塔式起重机

塔式起重机主要用于房屋建筑施工中物料的垂直和水平输送及建筑构件的安装。塔式起重机简称塔机，亦称塔吊。塔式起重机在高层建筑施工中是不可缺少的施工机械。

塔式起重机的起升高度一般为40~60m，有的塔式起重机起升高度随着建筑物高度可升高至400m以上，一般的回转半径在30~60m左右，目前最大回转半径可达100m。塔式起重机在施工现场的应用大大减轻了建筑工人的劳动强度，提高了生产效率。

一、塔式起重机型号含义

根据国家建筑机械与设备产品型号编制方法的规定，塔式起重机的型号标识有明确的规则。如QTZ80C表示如下含义：

Q——起重，汉语拼音的第一个字母。

T——塔式，汉语拼音的第一个字母。

Z——自升，汉语拼音的第一个字母。

80——最大起重力矩（t·m）。

C——更新、变型代号。

其中，更新、变型代号用英文字母表示；主要参数代号用阿拉伯数字表示，它等于塔式起重机额定起重力矩（单位：kN·m）$\times 10^{-1}$；组型特性代号含义如下：

QT——上回转塔式起重机。

QTZ——上回转自升塔式起重机。

QTA——下回转塔式起重机。

QTK——快装塔式起重机。

QTQ——汽车塔式起重机。

QTL——轮胎塔式起重机。

QTU——履带塔式起重机。

QTH——组合塔式起重机。

（QTP——内爬升式塔式起重机）。

（QTG——固定式塔式起重机）。

目前，许多塔式起重机厂家采用国外的标记方式进行编号，即用塔式起重机最大臂长（m）与臂端（最大幅度）处所能吊起的额定重量（kN）两个主参数来标记塔式起重机的型号。如 TC5013A，其含义：

T——塔的英语单词第一个字母（Tower）。

C——起重机的英语单词第一个字母（Crane）。

50——最大臂长 50m。

13——臂端起重量 13kN。

A——设计序号。

另外，也有个别塔式起重机生产厂家根据企业标准编制型号。

二、塔式起重机的分类及特点

1. 塔式起重机的分类

塔式起重机的分类方式有多种，从其主体结构与外形特征考虑，基本上可按架设形式、变幅形式、旋转部位和行走方式区分。

（1）按架设方式

塔式起重机分为快装式塔式起重机和非快装式塔式起重机。

（2）按变幅方式

塔式起重机按变幅方式分为动臂变幅式塔式起重机和小车变幅式塔式起重机。

动臂变幅式塔式起重机是靠起重臂仰俯来实现变幅的，如图 4-2（a）所示。其优点是：能充分发挥起重臂的有效高度，缺点是最小幅度被限制在最大幅度的 30% 左右，不能完全靠近塔身。小车变幅式塔式起重机是靠水平起重臂轨道上安装的小车行走实现变幅的，如图 4-2（b）所示。其优点是：变幅范围大，载重小车可驶近塔身，能带负荷变幅。

（3）按臂架结构形式

小车变幅式塔式起重机按臂架结构形式分为定长臂小车变幅塔式起重机和伸缩臂小车变幅塔式起重机。按臂架支承形式，小车变幅式塔式起重机又可分为非平头式塔式起重机和平头式塔式起重机。图 4-3（a）、（c）、（d）、（e）所示为非平头式塔式起重机；图 4-3（b）所示为平头式塔式起重机。

平头式塔式起重机最大特点是无塔帽和臂架拉杆。由于臂架采用无拉杆式，此种设计形式很大程度上方便了空中变臂、拆臂等操作，避免了空中安拆拉杆的复杂性及危险性。

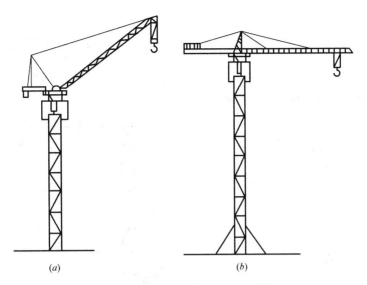

图 4-2 塔式起重机按变幅方式分类

(a) 动臂变幅式;(b) 小车变幅式

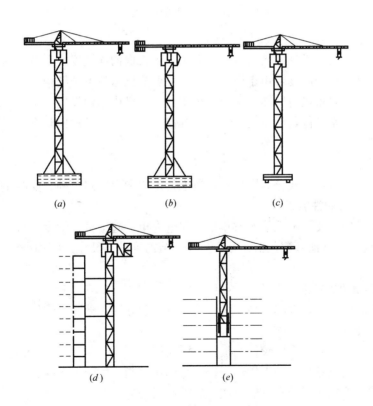

图 4-3 塔式起重机形式

(a)、(b)、(d) 固定式;(c) 轨道式;(e) 内爬式

动臂变幅塔式起重机按臂架结构形式分为定长臂动臂变幅塔式起重机与铰接臂动臂变

幅塔式起重机。

（4）按回转方式

塔式起重机按回转方式分为上回转式和下回转式两类，如图 4-4 所示。

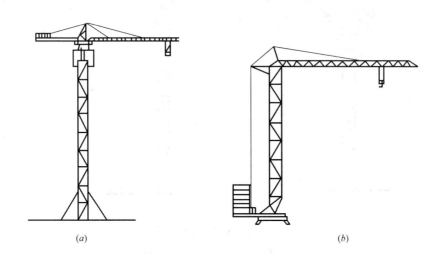

（a）　　　　　　　　　　　　　　（b）

图 4-4　塔式起重机按回转方式分类

（a）上回转式；（b）下回转式

上回转式塔式起重机将回转支承、平衡重、主要机构均设置在上端，其优点是：能够附着，达到较高的工作高度，由于塔身不回转，可简化塔身下部结构、顶升加节方便。

下回转式塔式起重机将回转支承、平衡重、主要机构等均设置在下端，其优点是：塔身所受弯矩较小，重心低，稳定性好，安装维修方便。缺点是对回转支承要求较高，使用高度受到限制。

（5）按行走方式

塔式起重机按行走方式分为固定式、轨道行走式和内爬式 3 种，如图 4-3 所示。

2. 塔式起重机的性能参数

塔式起重机的主要技术性能参数包括：起重力矩、起重量、幅度、自由高度（独立高度）、最大高度等；其他参数包括：工作速度、结构重量、尺寸、（平衡臂）尾部尺寸及轨距、轴距等。

3. 塔式起重机的特点

（1）工作高度高，有效起升高度大，特别有利于分层、分段安装作业，能满足建筑物垂直运输的全高度。

（2）塔式起重机的起重臂较长，其水平覆盖面广。

（3）塔式起重机具有多种工作速度、多种作业性能，生产效率高。

（4）塔式起重机的驾驶室一般设在与起重臂同等高度的位置，司机的视野开阔。

（5）塔式起重机的构造较为简单，维修、保养方便。

三、塔式起重机的结构组成及原理

塔式起重机由金属结构、工作机构、电气系统和安全装置等组成。

1. 金属结构

金属结构由起重臂、平衡臂、塔帽、回转总成、顶升套架、塔身、底架（行走式）和附着装置等组成。图 4-5 所示为小车变幅式塔式起重机的结构示意图。

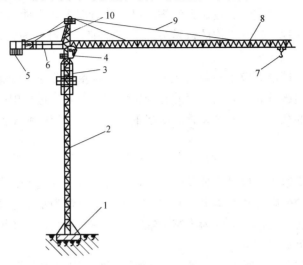

图 4-5　小车变幅式塔式起重机结构示意图

1—基础；2—塔身；3—顶升套架；4—驾驶室；5—平衡重；
6—平衡臂；7—吊钩；8—起重臂；9—拉杆；10—塔帽

2. 工作机构

包括起升机构；行走机构；变幅机构；回转机构；液压顶升机构等。

（1）起升机构

1）起升机构的组成。

起升机构通常由起升卷扬机、钢丝绳、滑轮组及吊钩等组成。

电动机通电后通过联轴器带动变速器进而带动卷筒转动，电动机正转时，卷筒放出钢丝绳；电动机反转时，卷筒收回钢丝绳，通过滑轮组及吊钩把重物提升或下降，如图 4-6 所示。

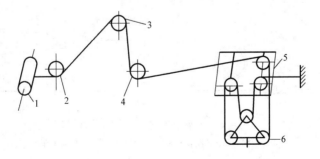

图 4-6　起升机构钢丝绳穿绕示意图

1—起升卷扬机；2—排绳滑轮；3—塔帽导向轮；4—回转塔身导向滑轮；
5—变幅小车滑轮组；6—吊钩滑轮组

2）起升机构滑轮组倍率。

起升机构中常采用滑轮组，通过倍率的转换来改变起升速度和起重量。塔式起重机滑轮组倍率大多采用 2、4 或 6 倍。当使用大倍率时，可获得较大的起重量，但降低了起升速度；当使用小倍率时，可获得较快的起升速度，但降低了起重量。

3）起升机构的调速。

起升机构有多种速度，在轻载、空载以及起升高度较大时，均要求有较高的工作速度，以提高工作效率；在重载、运送大件物品以及被吊重物就位时，为了安全可靠和准确就位要求较低工作速度。起升机构的调速分为有级调速（又可分为机械换挡和电气换挡）和无级调速两类。

各种不同的速度挡位对应于不同的起重量，以符合重载低速、轻载高速的要求。为了防止起升机构发生超载事故，有级变速的起升机构对载荷升降过程中的换挡应有明确的规定，并应设有相应的载荷限制安全装置。如起重量限制器上应按照不同挡位的起重量分别设置行程开关。

（2）变幅机构

塔式起重机的变幅机构也是一种卷扬机构，由电动机、变速器、卷筒、制动器和机架组成。塔式起重机的变幅方式基本上有两类：一类是起重臂为水平形式，载重小、车沿起重臂上的轨道移动而改变幅度，称为小车变幅式；另一类是利用起重臂俯仰运动而改变臂端吊钩的幅度，称为动臂变幅式。

小车变幅机构如图 4-7 所示，小车变幅钢丝绳穿绕，如图 4-8 所示。

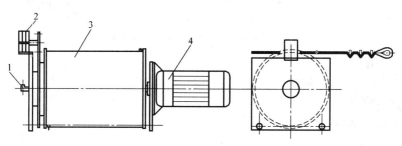

图 4-7　变幅机构示意图

1—注油孔；2—限位器；3—卷筒；4—电动机

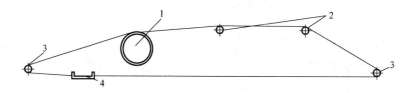

图 4-8　小车变幅钢丝绳穿绕示意图

1—滚筒；2—导向轮；3—臂端导向轮；4—变幅小车

（3）回转机构

塔式起重机回转机构由电动机、液力耦合器、制动器、变速器和回转小齿轮等组成。回转机构的传动方式一般是电动机通过液力耦合器、变速器带动小齿轮围绕大齿圈转动，驱动塔式起重机作回转运动，如图 4-9 所示。

塔式起重机回转机构具有调速和制动功能，调速系统主要有涡流制动绕线电机调速、多挡速度绕线电机调速、变频调速和电磁联轴节调速等，后两种可以实现无级调速。

塔式起重机的起重臂较长，迎风面较大，风载产生的扭矩大。因此，塔式起重机的回转机构一般均采用常开式制动器，即在非工作状态下，制动器松闸，使起重臂可以随风向自由转动，臂端始终指向顺风的方向。

（4）行走机构

行走机构的作用是驱动塔式起重机沿轨道行驶，只有移动式塔式起重机有此机构。行走机构由电动机、减速器、制动器、行走轮和台车等组成。

（5）液压顶升机构

液压顶升系统一般由泵站、液压缸、操纵阀、液压锁、油箱、滤油器、高低压管道等元件组成，如图 4-10 所示。

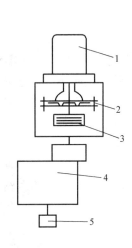

图 4-9　回转机构示意图
1—电动机；2—液力耦合器；3—制动器；
4—变速器；5—回转小齿轮

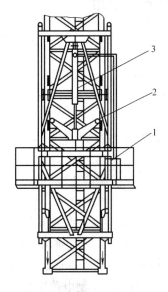

图 4-10　顶升机构示意图
1—泵站；2—顶升横梁；3—液压缸

图 4-11 所示为 QTZ63 塔式起重机液压顶升加节系统。该系统属侧向顶升系统，液压顶升系统的工作情况如下：

1）顶升准备：使起重臂转到顶升套架的引进门方向，将装有引进轮的标准节吊放在引进平台的横梁上；再吊起一个标准节，将变幅小车开到适当位置，使被顶升的部分的重心大体与顶升油缸中心重合，保证顶升部分重量平衡，同时启动制动器，使回转机构处于制动状态，防止臂架转动。

2）顶升就位：启动泵站，操纵泵站手柄，使顶升油缸下端的顶升横梁两侧销轴落进塔身主弦杆的顶升踏步内，然后关掉泵站；拆掉下支撑座与塔身的连接螺栓，检查顶升有无障碍及其他机械故障，准备顶升；启动泵站，操纵手柄，使油缸顶起塔式起重机上部结构；当顶升套架上的爬爪高出上一个顶升踏步的上端面时，停止顶升，并操纵手柄使油缸回收，爬爪慢慢落在顶升踏步上端面。继续回收油缸，横梁被提起，当横梁两侧销轴达到顶升踏步时；再次顶升，活塞杆全伸后，即可将引进平台上的标准节送至塔身正上方；将引进的标准节对准塔身顶端，操纵手柄使油缸回收，标准节随同上部结构落在塔身顶端。

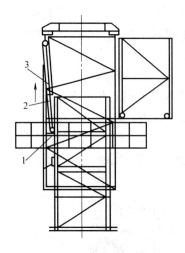

图 4-11　加节示意图

1—泵站；2—顶升横梁；3—液压缸

3）标准节固定：拆下标准节的引进滚轮，用 M30 高强度螺栓将塔身与引进的标准节连接好，至此完成一个标准节的顶升加节作业。继续加高标准节，步骤同上，直到达到所需要的高度为止。在顶升过程中，司机要听从指挥，严禁随意操作，防止臂架回转。

3. 电气系统

塔式起重机的电气系统是由电源、电气设备、导线和低压电器组成的。电源经过电缆由配电箱向上接至操作室开关盒内的空气开关再到电气控制柜，由设在操作室内的万能转换开关或联动台发生主令信号，对塔式起重机各机构进行操作控制。

（1）塔式起重机的电源。

塔式起重机的电源一般采用 380V、50Hz 三相五线制供电，工作零线和保护零线分开。工作零线用在塔式起重机的照明等 220V 的电气回路中。专用保护零线，常称 PE 线，首端与电源端的工作零线相连，中间与工作零线无任何相连，末端进行重复接地。由于专用保护零线平时无任何电流流过，设备外壳接在保护零线上，不会产生任何电压，因此能起到比较可靠的保护作用。

（2）塔式起重机的电路

1）主电路：主电路是指从供电电源通向电动机或其他大功率电气设备的电路，主电路上流过的电流从几安培到几百安培不等。此电路还包括连接电动机或大功率电气设备的开关、接触器、控制器等电器元件。

2）控制电路：控制电路中有接触器和继电器的线圈、触头、按钮、电铃、限位器以及其他小功率电器元件等。

3）辅助电路：辅助电路包括照明电路、信号电路、电热采暖电路以及制动器电路等。照明电路包括塔式起重机上下各种照明灯具和控制开关。辅助电路可以根据不同情况与主电路或控制电路相连。

（3）电气设备

塔式起重机的电气设备包括电动机、控制电器（接触器、继电器、制动器）、保护电器（空气开关、限位开关、漏电保护器）、电阻器、配电柜、连接线路等。

4. 塔式起重机的安全装置

安全装置是塔式起重机的重要装置，其作用是使塔式起重机在允许载荷和工作空间中安全运行，保证设备和人身的安全。

（1）起升高度限位器

起升高度限位器是用以防止吊钩行程超越极限，以免碰坏起重机臂架结构和出现钢丝绳乱绳现象的装置。

（2）幅度限位器

1）小车变幅幅度限位器：是用以使小车在到达臂架端部或臂架根部之前停车，防止小车发生越位事故的装置。

2）动臂变幅幅度限位器：是用以阻止臂架向极限位置变幅，防止臂架倾翻的装置。

对动臂变幅的塔式起重机，设置幅度限位开关，在臂架到达相应的极限位置前开关动作，用以停止臂架往极限方向变幅；对小车变幅的塔式起重机，设置小车行程限位开关和终端缓冲装置，用以停止小车往极限位置变幅。

（3）回转限位器

用以限制塔式起重机的回转角度，以避免扭断或损坏电缆。

（4）运行（行走）限位器

用于行走式塔式起重机，限制大车行走范围，防止出轨。

（5）起重力矩限制器

用以防止塔式起重机因超载而导致的整机倾翻事故。

（6）起重量限制器

用以防止塔式起重机超载起升的一种安全装置。

（7）小车断绳保护装置

用以防止变幅小车牵引绳断裂导致小车失控。

（8）小车防坠落装置

用以防止因变幅小车车轮失效而导致小车脱离臂架坠落。

（9）钢丝绳防脱装置

用来防止滑轮、起升卷筒及动臂变幅卷筒等钢丝绳脱离滑轮或卷筒。

（10）顶升防脱装置

用以防止自升式塔式起重机在正常加节、降节作业时，顶升装置从塔身支承中或油缸端头的连接结构中自行脱出。

（11）抗风防滑装置（轨道止挡装置）

用以防止行走式塔式起重机在遭遇大风时自行滑行，造成倾翻。

（12）报警装置

用以在塔式起重机载荷达到规定值时，向塔式起重机司机自动发出声光报警信息。

（13）显示记录装置

用以以图形或字符方式向司机显示塔式起重机当前主要工作参数和额定能力参数。

显示的工作参数一般包含当前工作幅度、起重量和起重力矩，额定能力参数一般包含幅度及对应的额定起重量和额定起重力矩。

（14）风速仪

用以发出风速警报，提醒塔式起重机司机及时采取防范措施。

（15）工作空间限制器

对单台塔式起重机，用以限制塔式起重机进入某些特定的区域或进入该区域后不允许吊载；对群塔，用以限制塔式起重机的回转、变幅和运行区域，以防止塔式起重机间机构、起升绳或吊重发生相互碰撞。

四、塔式起重机安全装置构造及原理

1. 起重量限制器

（1）起重量限制器的作用

起重量限制器是塔式起重机上重要的安全装置之一，必须安装。当起升载荷超过额定载荷时，该装置能输出信号，切断起升控制回路，并能发出警报，达到防止起重机超载的目的。通常情况下，当起重量大于相应挡位的最大额定值并小于额定值的110%时，该装置能自动切断起升机构上升方向的电源，但仍可作下降方向的运动。

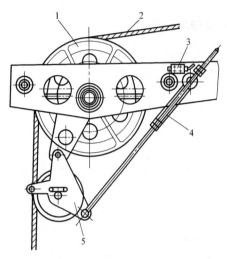

图 4-12　推杆式起重量限制器构造示意
1—导向轮；2—起升钢丝绳；3—限位开关；
4—弹簧推杆；5—力臂

滑轮及限位开关等部件组成。其特点是体积紧凑，性能良好，便于调整。

测力环的一端固定于塔式起重机机构的支座上，另一端则固定在导向滑轮轴上。当塔式起重机吊载重物时，滑轮受到钢丝绳合力作用，并将此力传给测力环，测力环外壳产生弹性变形；测力环内的金属板条与测力环壳体固接，随壳体受力变形而延伸；当载荷超过额定起重量时，测力环内的金属板条压迫限位开关，使限位开关动作，从而切断起升回路电源，达到对起重量超载进行限制的目的。使用时，可根据载荷情况来调节固定在金属板条上的调整螺栓，调整设定动作荷载限值。

2. 起重力矩限制器

（1）起重力矩限制器的作用

起重力矩限制器也是塔式起重机重要的安全装置之一，塔式起重机的结构计算和稳定

（2）构造和工作原理

起重量限制器主要有机械式和电子式，其中常用的机械式限制器有推杆式和测力环式。

1）推杆式起重量限制器。

图 4-12 所示为一推杆式起重量限制器构造示意图。这种限制器一般装在塔帽下部，由导向滑轮、弹簧推杆、力臂及限位开关等部件组成。由于塔式起重机吊重的作用，起升钢丝绳 2 受到拉力，来推动力臂 5，力臂又作用于弹簧推杆 4。当负载达到一定限值时，推杆便压迫限位开关 3 动作，通过限位开关来切断起升回路电源。

2）测力环式起重量限制器。

图 4-13 所示为一测力环式起重量限制器的外形及工作原理图。它是由测力环、导向

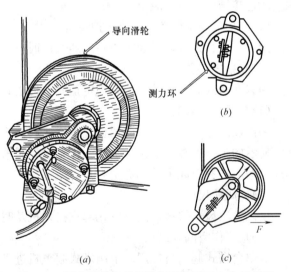

图 4-13　测力环式起重量限制器外形及工作原理图
（a）外形；（b）无载或载荷小时；（c）载荷大或超载时

性验算均以最大额定起重力矩为依据。起重力矩限制器的作用是控制塔式起重机使用时不得超过最大额定起重力矩。

力矩限制器仅对在塔式起重机垂直平面内起重力矩超载时起限制作用，而对由吊钩侧向斜拉重物、水平面内风荷载、轨道的倾斜和塌陷引起的水平面内的倾翻力矩不起作用。

（2）构造和工作原理

起重力矩限制器分为机械式和电子式，机械式中又有弓板式和杠杆式等多种形式。其中弓板式起重力矩限制器目前应用比较广泛。

弓板式起重力矩限制器由调节螺栓、弓形钢板、限位开关等部件组成。图 4-14 所示为一弓板式力矩限制器的构造及工作原理图。

弓板式力矩限制器有的安装在塔帽的主弦杆上，有的安装在平衡臂上，其工作原理是相同的。当塔式起重机吊载重物时，由于载荷的作用，塔帽或平衡臂的主弦杆产生变形，这时力矩限制器上的弓形钢板也随之变形，并将弦杆的变形放大，使弓板上的调节螺栓与限位开关的距离随载荷的增加而逐渐缩小。当载荷达到额定载荷时，通过调节螺栓来压迫限位开关，从而切断起升机构和变幅机构的电源，达到限制塔式起重机的吊重力矩载荷的目的。

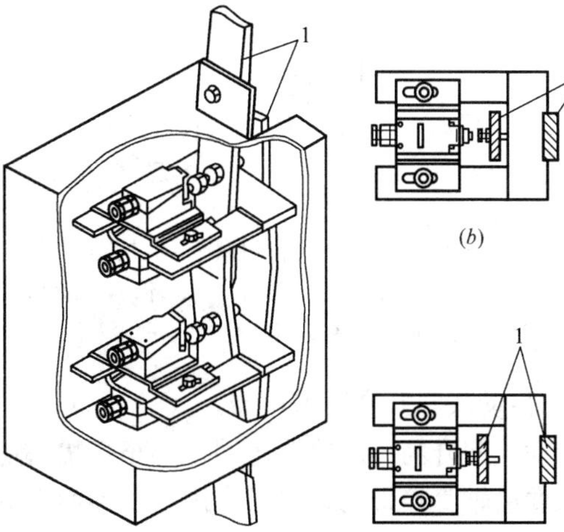

3. 起升高度限位器

（1）起升高度限位器的作用

起升高度限位器主要用以防止升降时可能出现的操纵失误，导致起升时碰坏起重机臂架结构，降落时卷筒上的钢丝绳松脱甚至反方向缠绕。

图 4-14　弓板式力矩限制器的构造及工作原理图
（a）限制器构造；（b）无载或载荷小时；（c）载荷大或超载时
1—弓板

（2）构造和工作原理

起升高度限位器主要有重锤式、杠杆式和传动式等形式。

1）重锤式起升高度限位器。

重锤式起升高度限位器一般用于动臂式变幅的塔式起重机，多固定于吊臂端头。

图 4-15 所示为一重锤式起升高度限位器。图中重锤 4 通过钩环 3 和限位器的钢丝绳 2 与终点开关 1 的杠杆相连接。在重锤处于正常位置时，终点开关触头闭合。如吊钩上升，托住重锤并继续略微上升，钢丝绳 2 处于松弛状态，导致终点开关 1 断开，从而切断起升机构上升控制回路电源，使吊钩停止上升运动。

2）杠杆式起升高度限位器。

杠杆式起升高度限位器一般也用于动臂式变幅的塔式起重机，多固定于吊臂端头。

图 4-16 所示为一杠杆式起升高度限位器。当吊钩上升到极限位置时，固定于吊钩滑

轮上的托板 1 便触到撞杆 2，使撞杆转动一个角度，撞杆的另一端压下行程开关的推杆，使行程开关 3 断开，从而切断起升机构上升控制回路电源，使吊钩停止上升运动。

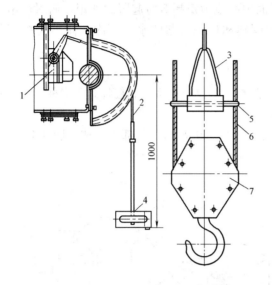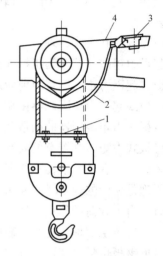

图 4-15　重锤式起升高度限位器构造

1—终点开关；2—限位器钢丝绳；3—钩环；4—重锤；
5—导向夹圈；6—起重钢丝绳；7—吊钩滑轮

图 4-16　杠杆式起升高度限
位器的构造简图

1—托板；2—撞杆；3—行程开关；4—臂头

3）传动式起升高度限位器。

传动式起升高度限位器多用于小车变幅式塔式起重机，一般安装在起升机构的卷筒轴端，由卷筒轴直接带动，也可由固定于卷筒上的齿圈来驱动。

图 4-17 所示为一传动式起升高度限位器。当卷筒 2 旋转时驱动限位器 1 的减速装置，减速装置带动若干个凸块 3 转动，凸块 3 作用于触头 4，从而切断起升机构上升控制回路电源，使吊钩停止上升运动。

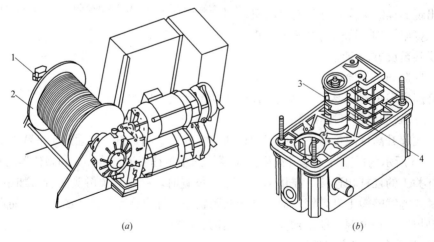

(a)　　　　　　　　　　(b)

图 4-17　传动式起升高度限位器构造及工作原理图

(a) 起升机构；(b) 限位器

1—限位器；2—卷筒；3—凸块；4—触头

4. 回转限位器

不设中央集电环的塔式起重机应设置正反两个方向的回转限位开关，使正反两个方向回转范围控制在±540°内，用以防止电缆线缠绕损坏，也用于避免与障碍物发生撞击和吊装定位等。最常用的回转限位器是由带有减速装置的限位开关和小齿轮组成，限位器固定在塔式起重机回转支座结构上，小齿轮与回转支承的大齿圈啮合。

图4-18所示为一回转限位器的安装位置图。当回转机构驱动塔式起重机上部转动时，通过大齿圈来带动回转限位器的小齿轮3转动，塔式起重机的回转圈数即被记录下来，限位器的减速装置带动凸轮，

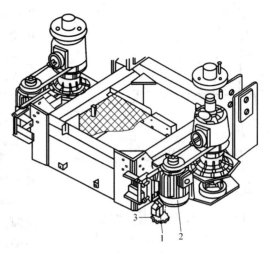

图 4-18　回转限位器的安装位置图
1—传动限位开关；2—鼠笼型电动机；
3—限位开关小齿轮

凸轮上的凸块压下触头，从而断开相应的回转控制电源，停止回转运动。

5. 幅度限位器

（1）小车变幅式塔式起重机幅度限位器

对于小车变幅式塔式起重机，幅度限位器的作用是使变幅小车在即将行驶到最小幅度或最大幅度时，断开变幅机构的单向工作电源，以保证小车的安全运行。同传动式起升高度限位器一样，一般安装在小车变幅机构的卷筒一侧，由卷筒轴直接带动，也可由固定于卷筒上的齿圈来驱动限位器工作。

（2）动臂式塔式起重机幅度限位器

对于动臂式塔式起重机，应设置臂架幅度限位开关，以防止臂架后翻。动臂式塔式起重机还应安装幅度指示器，以便塔式起重机司机能及时掌握幅度变化情况。

图4-19所示为动臂式塔式起重机的一种幅度指示器，装设于塔顶臂根铰点处，具有

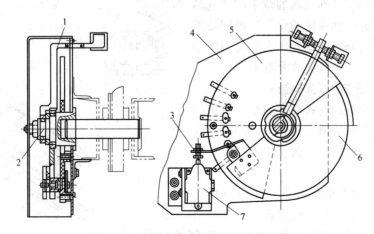

图 4-19　动臂式塔式起重机幅度指示器
1—拨杆；2—心轴；3—弯铁；4—座板；5—刷托；6—半圆形活动转盘；7—限位开关

83

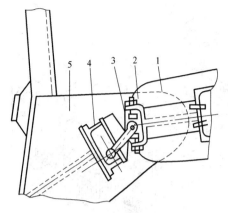

图 4-20 动臂式塔式起重机幅度限位器
1—起重臂；2—夹板；3—挡块；
4—限位开关；5—臂根支座

指示臂架工作幅度及防止臂架向极限幅度变幅的功能。图示的幅度指示及限位装置由一半圆形活动转盘 6、刷托 5、座板 4、拨杆 1、限位开关 7 组成，拨杆随臂架的俯仰而转动，电刷根据不同角度分别接通指示灯触点，将起重臂的不同仰角通过灯光的亮熄信号传递到司机室的幅度指示盘上。

当起重臂与水平夹角小于极限角度时，电刷接通蜂鸣器而发出警告信号，说明此时并非正常工作幅度，不得进行吊装作业。当臂架仰角达到极限角度时，上限位开关动作，变幅电路被切断电源，从而起到保护作用。从幅度指示盘的灯光信号的指示，塔式起重机司机可知起重臂架的仰角以及此时的工作幅度和允许的最大起重量。

图 4-20 所示为一种动臂式塔式起重机所使用的简单幅度限位器。

当吊臂接近最大仰角和最小仰角时，夹板 2 中的挡块 3 便推动安装于臂根铰点处的限位开关 4 的杠杆传动，从而切断变幅机构的电源，停止吊臂的变幅动作。通过改变挡块 3 的长度可以调节限位器的作用过程。

6. 运行（行走）限位器

对于轨道行走式塔式起重机，每个运行方向均设有运行限位装置，限位装置由限位开关、缓冲器和终端挡器组成。

图 4-21 所示为一运行限位器，通常装设于行走台车的端部，前后台车各设一套，可使塔式起重机在运行到轨道基础端部缓冲止挡装置之前完全停车。限位器由限位开关、摇臂滚轮和碰杆等组成，限位器的摇臂居中位时呈通电状态，滚轮有左右两个极限工作位置。铺设在轨道基础两端的位于钢轨近侧的坡道碰杆起着推动滚轮的作用，根据坡道斜度方向，滚轮分别向左或向右运动到极限位置，切断大车行走机构的电源。

7. 抗风防滑装置（夹轨器）

夹轨器是轨道式塔式起重机必不可少的安全装置，夹紧在轨道两侧，其作用是塔式起重机在非工作状态下，防止遭遇大风时塔式起重机滑行。

图 4-22 所示为塔式起重机夹轨器结构简图。夹轨器安装在每个行走台车的车架两端，非工作状态时，把夹轨器放下来，转动螺母 2，使夹钳 1 夹紧在起重机的钢轨 3 上，

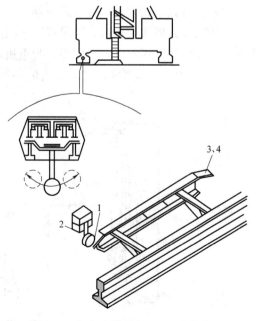

图 4-21 行走式塔式起重机运行限位器
1—摇臂滚轮；2—限位开关；3、4—坡道碰杆

84

工作状态时，把夹轨器提起来。

8. 风速仪

对臂根铰点高度超过 50m 的塔式起重机，配有风速仪。当风速大于工作允许风速时，应能发出警报。

9. 缓冲器

缓冲器是用来保证轨道式塔式起重机能比较平稳的停车，防止产生猛烈的撞击。其位置安装在距轨道末端挡块 1m 远处。

图 4-23 所示为一轨道式塔式起重机所使用的缓冲器及挡块安装示意图。

10. 小车断绳保护装置

对于小车变幅式塔式起重机，为了防止小车牵引绳断裂导致小车失控，变幅的双向均设置小车断绳保护装置。

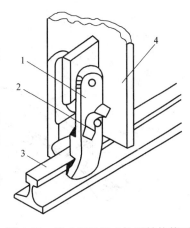

图 4-22　塔式起重机夹轨器结构简图
1—夹钳；2—螺母；3—钢轨；4—车架

重锤式偏心挡杆是使用较多的断绳保护装置，如图 4-24 所示。正常运行时挡杆 2 平卧，张紧的牵引钢丝绳从导向环 3 穿过。当小车牵引绳断裂时，挡杆 2 在偏心重锤 1 的作用下，翻转直立，遇到臂架的水平腹杆时，就会挡住小车的溜行。

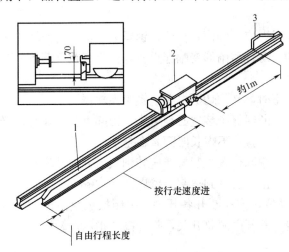

图 4-23　缓冲器及挡块安装示意图
1—行走限位开关撞杆；2—弹性缓冲器；3—挡块

11. 小车断轴保护装置

在小车上设置小车断轴保护装置，防止小车滚轮轴断裂导致小车从高空坠落。

小车断轴保护装置是在小车架左右两根横梁上各固定两块挡板，当小车滚轮轴断裂时，挡板即落在吊臂的弦杆上，挂住小车，使小车不能脱落。

五、塔式起重机安全操作要求

（1）作业前，应进行空载运转，试验各工作机构是否运转正常，有无噪声及异响，各机构的制动器及安全防护装置是否有效，确认正常后方可作业。

（2）起吊重物时，重物和吊具的总重量不得超过起重机相应幅度下规定的起重量。

（3）应根据起吊重物和现场情况，选择适当的工作速度，操纵各控制器时应从停止点（零点）开始，依次逐级增加速度，严禁越挡操作。在变换运转方向时，应将控制器手柄扳到零位，待电动机停转后再转向另一方向，不得直接变换运转方向突然变速或制动。

（4）在吊钩提升、起重小车或行走大车运行到限位装置前，均应减速缓行到停止位置，并应与限位装置保持一定距离（吊钩不得小于 1m，行走轮不得小于 2m）。严禁采用限位装置作为停止运行的控制开关。

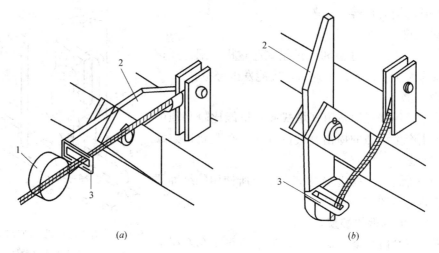

(a)　　　　　　　　　(b)

图 4-24　小车断绳保护装置
(a) 正常工作时保险器状态；(b) 断绳时保险器状态
1—重锤；2—挡杆；3—导向环

(5) 动臂式塔式起重机的起升、回转、行走可同时进行，变幅应单独进行。每次变幅后应对变幅部位进行检查。允许带载变幅的，当载荷达到额定起重量的 90% 及以上时，严禁变幅。

(6) 作业中如遇六级及以上大风或阵风，应立即停止作业，锁紧夹轨器，将回转机构的制动器完全松开，起重臂应能随风转动。对轻型俯仰变幅起重机，应将起重臂落下并与塔身结构锁紧在一起。

(7) 作业中，操作人员临时离开操纵室时，必须切断电源，锁紧夹轨器。

(8) 起重机载人专用电梯严禁超员，其断绳保护装置必须可靠。当起重机作业时，严禁开动电梯。电梯停用时，应降至塔身底部位置，不得长时间悬在空中。

(9) 作业完毕后，起重机应停放在轨道中间位置，起重臂应转到顺风方向并松开回转制动器，小车及平衡重应置于非工作状态，吊钩宜升到离起重臂底部 2~3m 处。

(10) 停机时，应将每个控制器拨回零位，依次断开各开关，关闭操纵室门窗，下机后，应锁紧夹轨器，使起重机与轨道固定，断开电源总开关，打开高空指示灯。

第三节　汽车式起重机

一、汽车式起重机概述

汽车式起重机是装在普通汽车底盘或特制汽车底盘上的一种起重机，如图 4-25 所示，其行驶驾驶室与起重操纵室分开设置。这种起重机的优点是机动性好，转移迅速。缺点是：工作时需支腿，不能负荷行驶，也不适合在松软或泥泞的场地上工作。

汽车式起重机的底盘性能等同于同样整车总重的载重汽车，符合公路车辆的技术要求，因而可在各类公路上通行。此种起重机一般备有上、下车两个操纵室，作业时必须伸出支腿保持稳定。起重量的变化范围很大，从 8t 到 1000t；底盘的车轴数，从 2 根到 10

根。汽车式起重机由吊臂、伸缩油缸、回转机构、起升机构、驾驶室、行走底盘、支腿及水平伸缩油缸、配重等组成。

汽车式起重机的四个支腿是保证起重机稳定性的关键，作业时要利用水平气泡将支承回转面调平，当地面松软不平或在斜坡上工作时，一定要在支腿垫盘下面垫以木板或钢板，将支腿位置调整好。

汽车式起重机的稳定性和起重量，随起吊方向的不同而不同。当转到稳定性较好的方向，能起吊额定荷载；当转到稳定性差的方向，起重量就会严重下降。有的汽车起重机的各个不同起吊方向的起重量有特殊的规定，但在一般的情况下，汽车起重机在车前作业区是不允许吊装作业的。在使用汽车起重机时，要严格按照产品说明书的规定执行。

图 4-25　汽车起重机结构图

1—下车驾驶室；2—上车驾驶室；3—顶臂油缸；4—吊钩；

5—支腿；6—回转卷扬机构；

7—起重臂；8—钢丝绳；9—下车底盘

二、汽车起重机分类

1. 按额定起重量分

一般额定起重量 15t 以下的为小吨位汽车式起重机；额定起重量在 16～25t 的为中吨位汽车起重机；额定起重量在 26t 以上的为大吨位汽车起重机。

2. 按吊臂结构分

按吊臂结构分为定长臂汽车起重机、接长臂汽车起重机和伸缩臂汽车起重机三种。

（1）定长臂汽车起重机，多为小型机械传动起重机，采用汽车通用底盘，全部动力由汽车发动机供给。

（2）接长臂汽车起重机，其吊臂由若干节臂组成，分基本臂、顶臂和插入臂，可以根据需要在停机时改变吊臂长度。由于桁架臂受力好，迎风面积小，自重轻，是大吨位汽车起重机的主要结构形式。

（3）伸缩臂液压汽车起重机，其结构特点是吊臂由多节箱形断面的臂互相套叠而成，利用装在臂内的液压缸可以同时或逐节伸出或缩回。全部缩回时，可以有最大起重量；全部伸出时，可以有最大起升高度或工作半径。

3. 按动力传动分

为机械传动、液压传动和电力传动三种。施工现场常用的是液压传动汽车起重机。

三、汽车起重机基本参数

汽车起重机的基本参数包括尺寸参数、质量参数、动力参数、行驶参数、主要性能参数及工作速度参数等。

1. 尺寸参数

包括整机长、宽、高，第一二轴距，第三四轴距，一轴轮距，二三轴轮距。

2. 质量参数

包括行驶状态整机质量，一轴负荷，二三轴负荷。

3. 动力参数

包括发动机型号，发动机额定功率，发动机额定扭矩，发动机额定转速，最高行驶速度。

4. 行驶参数

包括最小转弯半径，接近角，离去角，制动距离，最大爬坡能力。

5. 主要性能参数

包括最大额定起重量，最大额定起重力矩，最大起重力矩，基本臂长，最长主臂长度，副臂长度，支腿跨距，基本臂最大起升高度，基本臂全伸最大起升高度，（主臂＋副臂）最大起升高度。

图 4-26　长度、角度传感器

6. 工作速度参数

包括起重臂变幅时间（起、落），起重臂伸缩时间，支腿伸缩时间，主起升速度，副起升速度，回转速度。

四、汽车式起重机安全装置

1. 长度、角度传感器

长度、角度检测传感器，是安装在汽车起重机等有伸缩臂杆的测长装置。如图 4-26 所示，长度、角度检测传感器由拉线盒和检测传感器组成。将拉线盒的钢丝拉线与汽车吊臂的伸缩头固定连接。当汽车吊臂伸缩时，带动拉线的伸缩，钢丝绳带动内部检测电位器信号变化。传感器在采集该信号后，经过处理、判断并通过仪表显示出来，控制起重机吊臂相对于水平面的角度和提升高度等。

2. 力矩限制器

力矩限制器是汽车起重机重要的安全限制器，如图 4-27 所示。其主要作用是：

（1）过载限制：过载时，限制器自动停止伸臂、下变幅、起升动作、允许缩臂、上变幅、落钩动作。

（2）极限限制，达到额定载荷的 1.3 倍时，仅能回转、落钩。

（3）数据采集功能，自动记录、存储作业的工况参数，时间、过载次数。

（4）顺序伸缩控制油缸动作，避免人为误操作。

五、汽车式起重机安全操作规定

起重机的起动参照有关内燃机的规定执行，在公路或城市道路上行驶时，应执行交通

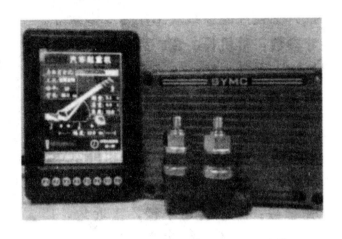

图 4-27　力矩限制器

管理部门的有关规定。汽车起重机作业前应注意以下事项：

（1）检查各安全保护装置和指示仪表是否齐全、有效。

（2）检查燃油、润滑油、液压油及冷却水是否添加充足。

（3）开动油泵前，先使发动机低速运转一段时间。

（4）检查钢丝绳及连接部位是否符合规定。

（5）检查液压系统是否正常。

（6）检查轮胎气压是否正常。

（7）各连接件有无松动。

（8）行驶和工作场地应保持平坦坚实，并应与沟渠、基坑保持安全距离。

（9）检查工作地点的地面条件。地面必须具备能将起重机呈水平状态，并能充分承受作用于支腿的压力条件；注意地基是否松软，如较松软，必须给支腿垫好能承载的枕木或钢板。

（10）预先调查地下埋设物，在埋设物附近放置安全标牌，以引起注意。

（11）调节支腿，按规定顺序伸出支腿。使之呈水平状态，回转支承面的倾斜度在无载荷时不大于 1/1000，插上支腿定位销，底盘为弹性悬挂的起重机，放支腿前应先收紧稳定器。

（12）确认所吊重物的重量和重心位置，以防超载。

（13）根据起重作业曲线，确定工作半径和额定起重量，调整臂杆长度和角度。

第四节　履带式起重机

履带式起重机操纵灵活，本身能回转 360°，在平坦坚实的地面上能负荷行驶。由于履带的作用，接触地面面积大，通过性好，可在松软、泥泞的场地作业，可进行挖土、夯土、打桩等多种作业，适用于建筑工地的吊装作业，特别是单层工业厂房结构安装。但履带式起重机稳定性较差，行驶速度慢且履带易损坏路面，转移时多用平板拖车装运。

一、履带式起重机结构组成

履带式起重机由动力装置、工作机构以及动臂、转台、底盘等组成，如图 4-28 所示。

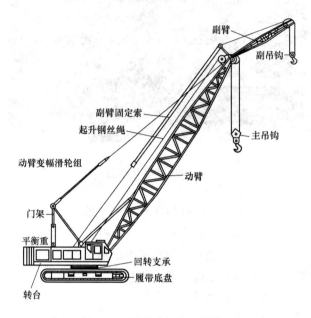

图 4-28　履带式起重机结构图

1. 动臂

动臂为多节组装桁架结构，调整节数后可改变长度，其下端铰装于转台前部，顶端用变幅钢丝绳滑轮组悬挂支承，可改变其倾角。也有在动臂顶端加装副臂的，副臂与动臂成一定夹角。起升机构有主、副两个卷扬系统，主卷扬系统用于动臂吊重，副卷扬系统用于副臂吊重。

2. 转台

转台通过回转支承装在底盘上，可将转台上的全部重量传递给底盘，其上部装有动力装置、传动系统、卷扬机、操纵机构、平衡重和操作室等。动力装置通过回转机构可使转台作 360°回转。回转支承由上、下滚盘和其间的滚动件（滚球、滚柱）组成，可将转台上的全部重量传递给底盘，并保证转台的自由转动。

3. 底盘

底盘包括行走机构和动力装置。行走机构由履带架、驱动轮、导向轮、支重轮、托链轮和履带轮等组成。动力装置通过垂直轴、水平轴和链条传动使驱动轮旋转，从而带动导向轮和支重轮，实现整机沿履带行走。

二、履带式起重机基本参数

履带式起重机的主要技术参数包括主臂工况、副臂工况、工作速度数据、发动机参数、结构重量等，见表 4-2。

履带式起重机性能参数 表 4-2

项目	性能指标	单位
主臂工况	额定起重量	t
	最大起重力矩	t·m
	主臂长度	m
	主臂变幅角	
主臂带超起工况	额定起重量	t
	最大起重力矩	t·m
	主臂长度	m
	超起桅杆长度	m
	主臂变幅角	
变幅副臂工况	额定起重量	t
	主臂长度	m
	副臂长度	m
	最长主臂＋最长变幅副臂	m
	主臂变幅角	
	副臂变幅角	
变幅副臂带超起工况	额定起重量	t
	主臂长度	m
	副臂长度	m
	最长主臂＋最长变幅副臂	m
	超起桅杆长度	m
	主臂变幅角	
	副臂变幅角	
速度数据	主(副)卷扬绳速	m/min
	主变幅绳速	m/min
	副变幅绳速	m/min
	超起变幅绳速	m/min
	回转速度	m/min
	行走速度	km/h
发动机	输出功率	kW
	额定转速	r/min
重量	整机重量(基本臂)	t
	后配重＋中央配重＋超起配重	t
	最大单件运输重量	t
	运输尺寸(长×宽×高)	mm
接地比压		MPa

三、履带式起重机安全装置

履带式起重机一般设有起重量限制器、幅度显示器、力矩限制器、起升高度限位器、变幅限位器、臂架角度指示器、防臂架后倾装置、臂架变幅保险和吊钩保险等安全装置。

1. 臂架角度指示器

臂架角度指示器能够随着臂架仰角的变化而变化，反映出臂架对地面的夹角。通过臂架不同位置的仰角，对照起重机的性能表和性能曲线，就可知在某仰角时的幅度值、起重量、起升高度等各项参考数值。

2. 起升高度限位器

起升高度限位器又称为过卷扬限制器，装在臂架端部滑轮组上，限制吊钩的起升高度，防止发生过卷扬事故。当吊钩起升到极限位置时，自动发出报警信号，切断动力源，停止起升。

3. 力矩限制器

力矩限制器是防止超载造成起重机失稳的限制器，当荷载力矩达到额定起重力矩时，自动发出报警信号，切断起升或变幅动力源。

4. 防臂架后倾装置

防臂架后倾装置，是防止臂架仰角过大时造成后倾的安全装置，当臂架起升到最大额定仰角时，不能再仰臂。

四、履带起重机安全使用规定

（1）应在平坦坚实的地面上作业、行走和停放。在正常作业时。坡度不得大于 3°，并应与沟渠、基坑保持安全距离。

（2）作业时，起重臂的最大仰角不得超过出厂规定。当无资料可查时，不得超过 78°。

（3）变幅应缓慢平稳，严禁在起重臂未停稳前变换挡位，起重机载荷达到额定起重量的 90% 及以上时，严禁下降起重臂。

（4）在起吊载荷达到额定起重量的 90% 及以上时，升降动作应慢速进行，并严禁同时进行两种以上动作。

（5）起吊重物时应先稍离地面试吊，当确认重物已挂牢，起重机的稳定性和制动器的可靠性均良好时，再继续起吊。在重物起升过程中，操作人员应把脚放在制动踏板上，密切注意起升重物，防止吊钩冒顶。当起重机停止运转而重物仍悬在空中时，即使制动踏板被固定，也仍用脚踩在制动踏板上。

（6）采用双机抬吊作业时，应选用起重性能相似的起重机进行。抬吊时应统一指挥，动作应配合协调；载荷应分配合理，起吊重量不得超过两台起重机在该工况下允许起重量总和的 75%，单机载荷不得超过允许起重量的 80%，在吊装过程中，起重机的吊钩滑轮组应保持垂直状态。

（7）多机抬吊（多于 3 台时），应采用平衡轮、平衡梁等调节措施来调整各起重机的受力分配，单机的起吊载荷不得超过允许载荷的 75%。多台起重机共同作业时，应统一指挥，动作应配合协调。

（8）起重机如需带载行走时，载荷不得超过允许起重量的70%，行走道路应坚实平整，重物应在起重机正前方向，重物离地面不得大于500mm，并应拴好拉绳，缓慢行驶。严禁长距离带载行驶。

（9）起重机行走时，转弯不应过急；当转弯半径过小时，应分次转弯；当路面凹凸不平时，不得转弯。

（10）起重机上下坡道时应无载行走，上坡时应将起重臂仰角适当放小，下坡时应将起重臂仰角适当放大。严禁下坡时空挡滑行。

（11）作业后，起重臂应转至顺风方向并降至40°～60°之间，吊钩应提升到接近顶端的位置，应关停内燃机，将各操纵杆放在空挡位置，各制动器加保险固定，操纵室应关门加锁。

（12）起重机转移工地，应采用平板拖车运送。特殊情况需自行转移时，应卸去配重，拆短起重臂，主动轮应在后面，机身、起重臂、吊钩等必须处于制动位置，并应加保险固定。每行驶500～1000m时，应对行走机构进行检查和润滑。

（13）起重机通过桥梁、水坝、排水沟等构筑物时，必须在查明允许载荷后再通过。必要时应对构筑物采取加固措施。通过铁路、地下水管、电缆等设施时，应铺设木板对其加以保护，并不得在上面转弯。

（14）用火车或平板拖车运输起重机时，所用脚手板的坡度不得大于15°。起重机装上车后，应将回转、行走、变幅等机构制动，并采用三角木楔紧履带两端，再牢固绑扎。后部配重用枕木垫实，不得使吊钩悬空摆动。

第五节　拔杆式起重机

拔杆式起重机也简称为抱杆、桅杆，是一种常用的起吊工具，它配合卷扬机、滑轮组和绳索等进行起吊作业。这种机具由于结构比较简单，安装和拆除方便，能在比较狭窄的现场上使用，对安装地点要求不高，适应性强，起重量也较大，并且不受电源的限制，无电源的地方，可用人工绞磨或（柴油）机动绞磨机起吊。它还能安装在其他起重机械不能安装的特殊工程和重大构筑物上，在设备和大型构件安装中，广泛使用。

起重拔杆为立柱式，用绳索（缆风绳）绷紧立于地面。绷紧一端固定在起重桅杆的顶部，另一端固定在地面锚桩上。拉索一般不少于3根，通常用4～6根。每根拉索初拉力约为10～20kN，拉索与地面为30°～45°，各拉索在水平投影夹角不得大于120°。起重拔杆可直立地面，也可倾斜地面（一般不大于10°）。起重拔杆下部设导向滑轮至卷扬机。

一、拔杆的种类

起重拔杆按其材质不同，可分为木拔杆和金属拔杆。木拔杆起重高度一般在15m以内，起重量在20t以下。金属拔杆可分为钢管式和格构式。钢管式拔杆起重高度在25m以内，起重量在20t以下；格构式拔杆高度可达70m，起重量可达100t以上。

（1）拔杆式起重机制作简单，装拆方便，起重量大，受地形限制小，能用于其他起重机械不能安装的一些特殊结构设备。但其服务半径小，移动困难，需要拉设较多的缆风绳。一般只适用于安装工程量比较集中的工程。

（2）拔杆式起重机按其构造不同，可分为独脚拔杆、悬臂拔杆、人字拔杆、三角式拔杆、牵缆式拔杆和格构式拔杆等。

二、拔杆的应用知识

1. 独脚拔杆

由拔杆、起重滑轮组、卷扬机、缆风绳和锚桩等组成，如图 4-29 所示。使用时，拔杆应保持不大于 10° 的倾角，以便吊装的构件不致碰撞拔杆，底部要设置拖子以便移动。拔杆的稳定主要依靠缆风绳，绳的一端固定在桅杆顶端，另一端固定在锚桩上，松紧缆风绳可以改变起吊物件的水平位置。缆风绳数量一般为 6～12 根，与地面夹角为 30°～45°，角度过大则对拔杆产生较大的压力。拔杆起重能力应按实际情况加以验算，木独脚拔杆常用圆木制作，圆木梢径 20～32cm，起重高度为 15m 以内，起重量 10t 以下；钢管独脚拔杆，常用钢管直径 200～400mm，一般起重高度在 30m 以内，起重量 30t；格构式独脚拔杆起重高度可达 70～80m，起重量可达 100t 以上。格构式独脚拔杆一般用四个角钢作主肢，并由横向和斜向缀条联系而成，截面多呈正方形，常用截面为 450mm×450mm～1200mm×1200mm，整个拔杆由多段拼成。图 4-30 所示为格构式拔杆的接长形式，可采用对接或搭接，钢管拔杆或格构式拔杆的接长采用法兰或钢销连接。

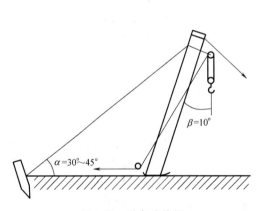

图 4-29　独角式拔杆　　　　　　　　　图 4-30　格构式桅杆独脚拔杆

独脚拔杆一般用于柱、梁和桁架等构件的就地垂直起吊、就位或运送多孔板等，吊完一处再移至下一位置使用。主要部件包括拔杆、起重绳索、滑车、吊钩和缆风绳等，起重采用卷扬机或人力绞磨。

2. 悬臂拔杆

用钢管或圆木制成。通常有两种使用形式，一是在独脚拔杆上装一根悬臂拔杆，二是在井架、脚手架或结构物上装悬臂杆。后者多用来垂直运输模板、钢筋、屋面板等。这种拔杆优点是能以较短的悬臂获得较高的吊装高度，能左右摇摆 90°～180°。如某发电厂工程，设计为 180m 高的钢筋混凝土烟筒，吊运钢筋和金属爬梯、信号平台等构件就是采用悬臂拔杆来完成的。拔杆安装在操作平台井架上，井架全高为 8.9m，坐于鼓形圈上，立杆用 φ80 钢管，水平杆及斜杆为 φ48 钢管，用螺栓连接而成，拔杆长 11m，起伏夹角相对固定，即随筒壁的增高，烟筒直径缩小，按高度将起伏夹角随之缩小，以便于钢筋等构件的垂直运输，拔杆设置方向应考虑到避开钢爬梯所在的位置。用 1 台起重量为1.5t、起升速度 40m/min 卷扬机，每次吊运重量控制在 350kg 以下。烟囱施工中应用拔杆吊运轻型物资，简单、方便、节约造价，如图 4-31 所示。

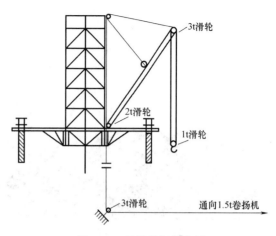

图 4-31　悬臂拔杆的应用

3. 人字拔杆

人字拔杆又称两木搭。人字拔杆由两根圆木或两根钢管或格构式截面的独脚拔杆在顶部相交成 20°～30°，可垂直使用，也可倾斜使用，以钢丝绳绑扎或铁件铰接而成，如图 4-32 所示。拔杆顶下悬起重滑轮组，底部设有拉杆或拉绳，以平衡拔杆本身的水平推力。拔杆下端两脚距离为高度的 1/2～1/3。人字拔杆的优点是比独脚拔杆的侧向稳定性好，架立方便，缆风绳较少；缺点是构件起吊后活动范围小，移动麻烦。一般作为辅助设备以吊装厂房屋盖体系上轻型构件。多用于搬运重物的起吊，起重采用卷扬机或人力绞磨。吊轻物也可采用人字拔杆挂捯链的办法。

4. 牵缆式拔杆

牵缆式拔杆是在独脚拔杆的下端装上一根可以回转和起伏的起重臂而组成，如图4-33所示。整个机身可作 360°回转，具有较大的起重半径和起重量，并有较好的灵活性。该起重机的起重量一般为 15～60t，起重高度可达 80m，多用于构件多，重量大且集中的结构安装工程。其缺点是缆风绳用量较多。

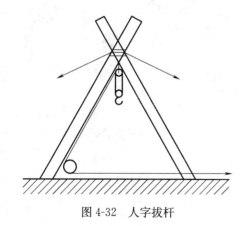

图 4-32　人字拔杆

图 4-33　牵缆式拔杆

5. 三角式拔杆

三角式拔杆又称三木搭，是用三根杆件（圆木或钢管）、滑轮或捯链组成。

如基础工程打降水井操作中，使用三角式拔杆起吊护筒，使用三根钢管、滑轮组用绞磨拖动，如图 4-34 所示。

6. 格构式独脚拔杆

格构式独脚拔杆是由四根角钢和横向、斜向缀条（角钢或扁钢）联系而成。截面一般

图 4-34　三角式拔杆起吊护筒

为方形，整根拔杆由多段拼成，可根据需要调整拔杆高度。格构式拔杆起重量可达 100t 以上，起重高度达70～80m，拔杆所受的轴向力往往很大，因此，对支座及地基要求较高，一般要经过计算。这种拔杆的缆风绳、滑车组与拔杆的连接，采用在拔杆顶焊接吊环，并用卡环连接。一般要穿滑车组，用卷扬机或捯链施加初拉力，缆风绳的另一端均用水平地锚固定。图 4-35 所示是采用两台拔杆安装塔类构件，一台履带起重机递送。

三、拔杆使用安全注意事项

（1）拔杆应根据施工条件、吊物重量、起重高度等具体情况合理选用，严禁超载使用。

（2）使用木拔杆，要检查木质有无开裂、腐朽、多节等现象，严重时不准使用。

（3）木拔杆在捆吊索处要垫好。

（4）捆扎人字拔杆时，下脚要对齐，吊重要对准中心。

（5）各种拔杆底脚要稳固，必要时应垫木排，确保安全地承受最大负荷。

（6）拔杆拼装后，要求检查其接头牢固程度及弯曲程度，不符合施工安全的不准使用。

（7）拔杆缆风绳数量应根据起重量并经计算确定，一般不少于 5 根，移动式拔杆不少于 8 根，分布要合理，松紧要均匀，缆风绳与地面夹角以 30°～40°为宜。禁止设多层缆风绳。

（8）缆风绳与地锚连接后，应用绳夹扎牢。

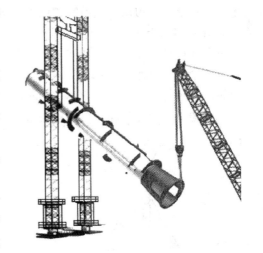

图 4-35　两台拔杆安装塔类构件

（9）缆风绳与高压线之间应有可靠的安全距离。如必须跨过高压线时，应采取停电、搭设防护架等安全措施。

（10）拔杆移动时其倾斜幅度：当采用间歇法移动时，不宜超过拔杆高度的 1/5，当采用连续法移动时，应为拔杆高度的 1/20～1/15；相邻缆风绳要交错移位和调整。

（11）竖立拔杆时应由专人指挥。竖立后先初步稳定，然后再调整缆风绳使其均匀受力。同时校正拔杆的垂直度。

（12）拔杆使用前应做负荷试验，试验合格后方可使用。

（13）拆卸拔杆时，先用起重设备将拔杆吊起，后松缆风绳。

第六节 起重装卸作业要求

施工现场的起重作业常常需要进行物件装卸，作为起重司索人员，需要直接对物件装卸进行指挥，所以有必要掌握物件装卸的操作安全要点。

（1）分配任务时，要向工人交代货物名称、性质、作业地点、使用工具及安全注意事项等，班组长或安全员应根据装卸作业特点对全班人员进行安全教育。

（2）在工作开始前，需检查装卸地点和道路，清除障碍。

（3）在集体搬运物件时，每个人负荷一般不得超过70kg，搬运时动作要互相协调，稳步行进。

（4）滚动和移动重物时，要站在重物的侧面或后面，以防物件倾倒。

（5）人力抬运80kg以上物件到高处时，脚手板的坡度应符合要求，其垂直高度不得超过3m，其长度最少应比高度大3倍。物件在上面通过时，脚手板不得有较大的弯曲，脚手板接头必须固定牢固，严禁出现探头板。

（6）多人抬运物件时，须有人指挥，协调一致，同起同落。

（7）用滚杠搬运时，应有专人指挥，其运行速度不得过快；摆放滚杠时，要防止滚杠压伤手脚。滚动物件的正前方不得有人。

（8）装卸散货（如水泥、石灰、石英砂等）应将袖口、裤脚扎紧，戴好防尘口罩、防尘帽。

（9）冬季装卸，应将道路和脚手板上的积雪和冰霜清扫干净，并采取防滑措施。

（10）装卸易燃、易爆、有毒、有腐蚀、有放射性物品以及压缩气体或液化气体气瓶等危险品时，应先了解危险物品的性质、包装情况和操作要求。

（11）进行危险品装卸作业时，禁止随身携带火柴、打火机等易燃易爆物品。

（12）装卸危险品时，必须轻拿轻放，不得冲撞、肩扛、背驮、拖拉和猛烈振动。

（13）危险品装车应堆码整齐、平稳，禁止倒放和超高堆放。

（14）危险品的包装如有腐蚀、损坏、容器加封不严密或有渗漏现象，禁止搬运。

（15）遇水能起反应的危险品（如电石等）禁止雨天装卸。

（16）装卸电石桶时，桶盖不得对人。如发现桶身有膨胀或桶盖螺栓松开，要使桶内气体放出后再行搬运。搬运电石桶用钢质、铁质工具，且不得将桶放在潮湿的地方。

（17）装卸黄磷必须先检查后装运。如发现桶漏、少水或无水时禁止装运。

（18）从事装卸、搬运沥青的工人，应佩戴有披肩的风帽、鞋盖、口罩、手套等，工作完毕后必须洗澡。皮肤病患者或对沥青过敏的人员，不得从事与沥青有关的工作。

（19）装卸时，汽车未停稳不得抢上跳下。开关汽车栏板时必须两人进行，并提醒附近人员离开，汽车尚未进入卸货地点时，不得打开汽车栏板，在打开汽车栏板后，严禁汽车再行移动位置。

（20）装车时，前后货物必须均衡，堆码捆绑牢固，防止偏载、倒塌、滑动；卸车时，务必从上至下依次卸货，不得在货物下部抽卸，以防倒塌砸人。

（21）装卸大型圆柱物件，应使用绳索拖拉固定，同时用三角楔塞住，以防滚动。

（22）汽车运输货物时，禁止人货混装，禁止超宽、超高、超重。散装货物装车时，禁止两侧对装，以防用力过猛打伤对面人员。

第五章　构件的运输及堆放

第一节　运输方式的选择

构件运输包括公路运输、铁路运输和水路运输。

一、公路运输

公路运输是一种机动灵活、简捷方便的运输方式，在短途构件倒运上，它比铁路、水路、航空运输具有更大的优越性。由于公路运输道路分布面广，公路运输在时间方面的机动性也比较大，车辆可随时调度、装运，各环节之间的衔接时间较短。尤其是公路运输对货运量的多少具有很强的适应性，但由于运载重量小，运输成本费用比水运和铁路高，安全性较低，污染环境较大。

公路运输超高、超宽、超长或起重量大的构件注意事项：

（1）对运输道路的桥梁、涵洞、沟道、路基下沉、路面松软、冻土开化以及路面坡度等进行详细调查。

（2）对运输道路上方的通信、电力线缆及桥梁等进行详细了解和测试。

（3）制定运输方案和安全技术措施，经批准后执行。

（4）物件的重心与车厢（箱）的承重中心基本一致。

（5）运输超长物体需设置超长架，运输超高物件应采取防倾倒的措施，运输易滚动物件应有防止滚动的措施。

（6）运输途中有专人领车、监护，并设必要的标志。

（7）中途夜间停运时，设红灯示警，并设专人看守。

二、水上运输

水上运输包括内河运输和海洋运输，以其历史悠久而有交通运输"祖先"之称。水路运输的主要功能是：承担长距离、大宗货物，特别是集装箱的运输；承担原料、半成品等散装货物运输；承担国际的货物运输，是国际商品贸易的主要运输方式。

1. 海洋运输

海洋运输是各国对外贸易的主要运输方式，海运的结构模式是"港口-航线-港口"，通过国际航线和大洋航线连接世界各地的港口，其所形成的运输网络，对区域经济的世界化和世界范围内的经济联系发挥着极其重要的作用。

2. 内河运输

利用河流自然形成的优势，以航运作为发展流域经济的先导，这在世界范围内是个共同规律。

水上运输构件注意事项：

（1）参加水上运输的人员应熟悉水上运输知识。

（2）应根据船只载重量及平稳程度装载，严禁超重、超高、超宽、超长。

（3）器材在运输船上应分类码放整齐并系牢。油类物质应隔离并妥善放置。

（4）船只靠岸停稳前不得上下船，上下船只的跳板应搭设稳固。

（5）遇六级及以上大风、大雾、暴雨等恶劣天气，严禁水上运输。

三、铁路运输

铁路是国家的经济大动脉，是构件运输另一种方式，铁路运输的车辆在轨道上行驶，接触的面积既小，轮轨的硬度又强，滚动摩擦力所遭遇的行驶阻力甚小，故同样的牵引动力，所消耗的能源最省。

铁路运输和其他运输方式相比，具有以下优点：

（1）铁路运输的准确性和连续性强。铁路运输平稳、速度快，铁路运输受气候和自然条件的影响小，一年四季可以不分昼夜地进行定期的、有规律的、准确的运转，能保证运行的经济性、持续性和准时性。运输距离长。铁路运输速度比较快，货运可达 100km/h 及以上，远远高于海上运输。

（2）铁路运输能力大。一列货物列车一般能运送 1000t 货物，远远高于航空运输和汽车运输。

（3）铁路运输价格低。铁路运输费用仅为汽车运输费用的几分之一到十几分之一，适合于中、长距离运输。

（4）铁路运输的动力，蒸汽机车已不可见，内燃机车又逐渐被淘汰，取而代之的是电力机车，因无动力发生装置，无空气污染，噪声干扰有限。

（5）铁路运输计划性强，运输能力可靠，运用导向原理在轨道上行驶，自动控制行车具有极高的安全性能，是公路、水运、航空都无法比拟的。

尽管其他各种运输方式各有特点和优势，但或多或少都要依赖公路运输来完成最终两端的运输任务。例如，铁路车站、水运港口码头和航空机场的货物集散运输都离不开公路运输。

第二节　装卸及搬（倒）运

装卸搬（倒）运就是在同一地域范围内以改变"物"的存放、支承状态的活动称为装卸，以改变"物"的空间位置的活动称为搬（倒）运。装卸倒运是安装工程附属性、伴生性的活动。它的附属性不能理解成被动的，实际上，对其安装活动有一定决定性、衔接性。装卸活动的基本动作包括装车、卸车、堆放，装卸活动是不断出现和反复进行的，每次构件卸车就位，往往成为决定工程进度的关键。

装卸搬（倒）运已经成为施工过程的重要组成部分和保障系统。构件运输前后，都必须进行装卸作业。在实际操作中，装卸与倒运是密不可分的，两者是伴随在一起发生的。倒运的"运"与运输的"运"，区别之处在于，倒运是在同一地域的小范围内发生的，而运输则是在较大范围内发生的，两者是量变到质变的关系，中间并无一个绝对的界限。装卸倒运是安装工作的开始，它是其他操作时不可缺少的组成部分。改善装卸倒运工作能加速施工进度，充分利用现场空间，有组织的进行构件进场，减少二次倒运，能显著提高安装工程的工作效率，提高经济效益，减少构件损坏，减少各种事故的发生。为整个安装系统顺利进行起到推动作用。装卸倒运会影响其安装活动的质量和速度，例如，装车不当，会引起运输过程中的一些构件变形，如弯曲、扭曲变形。卸放不当，会引起构件转换成下一步运送的困难，如钢构件系杆等小件，卸车时压在下边或同其他构件混在一起，安装时不能及时找到将影响工程进度。装卸倒运往往成为整个安装"瓶颈"，是安装之间能否形成有机联系和紧密衔接的关键，而这又是一个系统的关键。构件在有效的装卸倒运支持下，才能实现高水平。因而，建立一个有效的安装系统，关键看这一衔接是否有效，措施是否得当，能否促进工程进展。

由此可见，装卸活动是影响进度、决定工程经济效果的重要环节。构件运输过程中，通过起吊、装车、运输和卸车堆放等工序。

搬（倒）运构件注意事项：

（1）沿斜面搬运时，应搭设牢固可靠的跳板，其坡度不得大于 1：3，跳板的厚度不得小于 5cm。

（2）在坡道上搬运时，物件应用绳索拴牢，并做好防止倾倒的措施，工作人员应站在侧面，下坡时应用绳索拉住溜放。

（3）车（船）装卸用平台应牢固、宽敞，荷重后平台应均匀受力，并应考虑到车、船承载卸载时弹簧回落、弹起及船体下沉和上浮所造成的高差。

（4）自卸车的倒翻装置应可靠，卸车时，车斗不得朝有人的方向倾倒。

（5）使用两台不同速度的牵引机械卸车（船）时，应采取使设备受力均匀、拉牵速度一致的可靠措施。牵引的着力点应在设备的重心以下。

（6）拖运滑车组的地锚应经计算，使用中应经常检查。严禁在不牢固的建筑物或运行的设备上绑扎滑车组。打桩绑扎拖运滑车组时，应了解地下设施情况。

（7）添放滚杠的人员应在侧面，在滚杠端部进行调整。

（8）在拖拉钢丝绳导向滑轮内侧的危险区内严禁有人通过或逗留。

第三节　构件运输

一、构件运输概述

构件制作分为构件厂制作和施工现场制作两种方式。工厂制作需要运输、现场制作需要倒运。钢结构构件必须在钢结构厂制作；装配式钢筋混凝土构件主要有地梁、柱、吊车梁、托架（梁）、连系梁、楼面梁、屋面梁、墙梁、天窗架、屋面板、墙板、天沟、支撑系统构件以及走道板、桥面板等，一般在预制厂预制，而后运到现场安装，对于重量较大、体型较大的构件或构件较长，由于运输困难，可在现场预制，如预应力折线形屋架等。预制时尽可能采用叠浇法，重叠层数由地基承载能力和施工条件确定，一般不超过 4 层，上下层间应做好隔离层，上层构件的浇筑应等到下层构件混凝土达到设计强度的 30％以后才可进行，整个预制场地应平整夯实，不可因受混凝土自重或雨水天气使构件基础产生不均匀沉陷而变形。

工厂预制的构件需在安装前运至工地，构件运输应根据所运的构件情况选用合适的运输工具，用载重量相当的载重汽车和半拖式或全拖式的平板拖车，将构件直接运到工地施工方指定的构件堆放处。

对构件运输时的混凝土强度要求是：如设计无规定时，应达到设计的混凝土强度标准值的75%以上，屋面梁、桁架应达到100%。在运输过程中构件的支垫位置和方法，应根据设计的吊（垫）点设置，不应引起超应力使构件损坏。构件的支垫位置应尽可能接近设计受力状态，以免引起构件裂缝。桁架梁直立放置，其他构件可以水平或直立放置，支撑杆应水平，并尽量对称使荷载均匀。屋架、屋面梁和多层堆放、运输的构件，应设置支架支撑或用捯链等固定，以防倾倒。在叠放运输构件之间应垫以垫木隔开，上下垫木应保持在同一垂直线上，支垫数量要符合结构支点要求以免构件折断；并用绳索将其连成一体拴在车的两侧，以免构件在运输中变形或互相碰撞损坏。装卸构件应轻起轻放，并有牵制措施，严禁抛掷和自由滚落。运输道路要有足够的宽度和转弯半径。

随着我国现代化建设的高速发展，工业建筑的厂房主体结构构件及其他建筑物结构构件，多半在混凝土预制构件厂生产，用运输工具运到现场进行安装，如何保证构件按设计要求合理受力，安全地从预制构件厂运输到安装的施工现场，是构件安装的重要环节。

构件运输能否顺利进行，关键在于做好运输前的准备工作，其内容包括：制定运输方案；察看运输路线和道路；选择运输车辆；设计、制作运输架；验算构件的强度；选择起重吊车；准备装运工具和材料；清点构件；修筑现场运输道路，应根据路面情况控制行车速度，保持平稳行驶。

二、构件运输一般要求

（1）运输较大构件时，应首先检查运输道路、装车和卸车的现场情况，并制定运输方案。

（2）装卸车时，车辆要停放在坚实平坦周围无障碍物的地方，拖车应制动，车辆应楔紧。车辆不得超载运输。

（3）汽车运输一般构件（如地梁、连系梁、大型屋面板、空心板及6m以下的其他钢筋混凝土预制构件）时，在较差的路面上行驶必须降低车速，保证不损坏构件。汽车运输长体构件（如9m以上的柱、梁及钢屋架等）时，在坡道、弯道、路面不平处运输时应降速行驶。

（4）构件运输的支垫位置，应按设计要求进行，如设计无要求时，应由有关技术人员经计算确定支垫位置。

（5）构件应按吊装的顺序，有计划地运入现场，并应按照吊装平面布置合理堆放。

（6）有方向（正反面）要求的长体构件（如大跨度屋架等），在装车时应考虑吊装时的正反方向，以免构件运到现场后再调整方向。

（7）采用汽车带拖车运输长体构件时，在汽车上必须设有转盘（位置在构件支点的下方），以利弯道行驶时不扭损构件。

（8）运输时，构件的混凝土强度按构件的形状、大小、长短来确定，小型构件不得低于设计强度的 70%。

（9）构件在车上的支挡位置，要符合构件的受力情况，支撑要牢固，保证构件不会倾倒。当用拖车运输较长构件时，构件的两端支座应能转动，以便车辆转弯。

（10）运输道路应平直，转弯半径不可过小，要便于所运构件能顺利通过。行车力求平稳，尽量减少振动和冲击。

三、柱子的运输

当运输大型屋面板、吊车梁、柱子等，选用分段炮车运输，其中一个支点位置在车主体上，另一支点在后部炮车重心上，如图 5-1 所示。

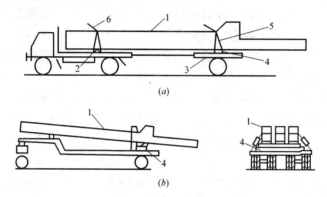

图 5-1　钢柱运输示意图

（a）分段炮车运输柱子；（b）低平板半挂车运输柱子

1—构件；2—自由转盘；3—拖尾；4—枕木；5—钢丝绳；6—加力杠

四、屋架梁的运输

1. 运输单坡梁、双坡梁（包括吊车梁、柱子、屋架）及断面较高的长体构件时，其装车方式如图 5-2 所示。

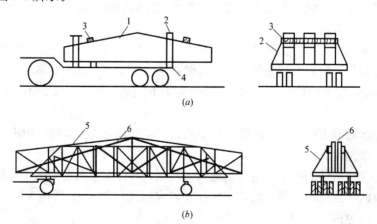

图 5-2　双坡梁运输示意图

（a）低平板半挂车运输屋架梁；（b）平板运输车运输屋架梁

1—构件；2—支架；3—加固方木；4—隔木；5—钢支架；6—钢屋架

2. 土法运输钢筋混凝土屋架

（1）用木排运输混凝土屋架（包括梯形、拱形、单坡及双坡），如图 5-3 所示。

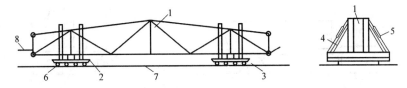

图 5-3　钢筋混凝土屋架运输示意图

1—构件；2—转盘木排；3—后木梢；4—支杆；5—花篮螺栓；6—滚杠；7—木板；8—牵引绳

（2）用大型杠杆车运输拱板屋架，如图 5-4 所示。

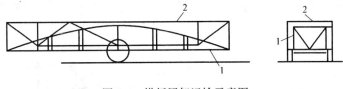

图 5-4　拱板屋架运输示意图

1—拱板屋架；2—杠杆车

五、吊车梁的运输

运输钢构件时，亦可放平装车不使用支架，但必须用钢丝绳将构件与拖板拴牢固，如图 5-5 所示。

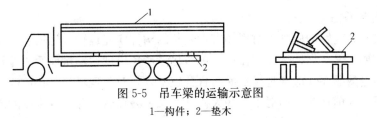

图 5-5　吊车梁的运输示意图

1—构件；2—垫木

六、屋面板的运输

当车体长度满足构件长度时（如空心板和实心板），装车按图 5-6 方法进行支垫；大型屋面板叠放最多不得超过 6 块板，并必须固定牢固。

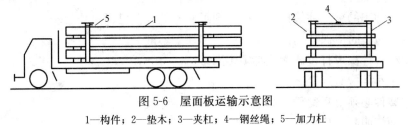

图 5-6　屋面板运输示意图

1—构件；2—垫木；3—夹杠；4—钢丝绳；5—加力杠

七、加长构件的运输

（1）用拖车运输 9m 以下长体构件时，如运输一般地梁、连系梁等构件时，构件与拖板以钢丝绳互相拴固，其装车方式如图 5-7 所示。

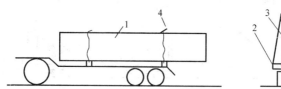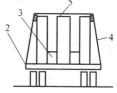

图 5-7 地梁运输示意图
1—构件；2—垫木；3—隔木；4—加力杠；5—钢丝绳

（2）用汽车带拖尾运输 12m 以上的长体构件时，如单坡梁、双坡梁及截面为矩形、梯形和工形的柱子，如图 5-8 所示。当构件放置已稳定，可不使用支架，但必须将构件与枕木用钢丝绳绑牢。

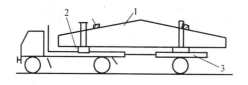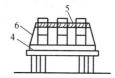

图 5-8 双坡梁运输示意图
1—构件；2—自由转盘；3—拖尾；4—枕木；5—加固方木；6—支架

八、钢构件的运输

1. 构件的运输方案

本着先安装先运输的原则，对现场首批安装的构件应先运输，运输过程做到既能满足现场安装的需要，又要保持运输工作量合理，尽量避免出现运输量前后相差较大，时松时紧的现象，运输的顺序还应与现场平面布置合理结合，对于现场易于存放或已准备存放设施的构件，可以提前运输，而对于一些大构件，又不易在露天存放或难以存放，现场暂时又没有安装到的构件，应尽量不要先期运输到达施工现场，而应根据现场安装过程需要，以及考虑运输过程中可能出现的特殊情况组织运输。

（1）厂内制作的构件采用公路运输方案，汽车直接把构件从加工厂运输到现场。

（2）市内运输遵守城市道路运输的管理规定，办理相关手续，做到安全运输。

2. 构件的包装及堆放

（1）工厂加工的梁、柱等构件必须按图纸和相关规范已通过质量验收。

（2）构件包装时应保证构件不变形、不损坏、不散失。

（3）型材构件裸形打包，捆扎必须多圈多道。

（4）零星小件应装箱发运。

（5）包装件必须书写编号、标记、原件外形尺寸及重量。

（6）必须标明起吊位置线。

（7）待运构件堆放需平直稳妥垫实，搁置在干燥、无积水处，防止锈蚀。

（8）钢构件按种类、安装顺序分区堆放。

（9）构件叠放时，支点应在同一垂直线上，以防止构件被压坏或变形。

3. 构件的装车运输

（1）装车时必须有专人管理、清点，并办好交接清单手续。

（2）车厢内堆放时，应按长度方向排列。钢梁必须按梁横断面竖着摆放（构件受力状态）。构件采用下大上小堆放。构件之间用木块垫置稳妥，用绳索捆扎牢固，防止滚动碰撞，如图5-9所示。

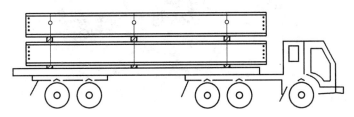

图 5-9　钢梁运输示意图

（3）构件装运必须符合运输安全要求和现场起重能力、质量要求。同时构件按照安装顺序分单元成套供货（工地作发运计划及分区吊装顺序计划）。

（4）装车时，必须有专人监管，清点上车的箱号及打包件号。

（5）构件在车上堆放牢固稳妥，并进行捆扎，防止构件松动、遗失。

（6）构件运输过程中应经常检查构件的搁置位置、紧固等情况。

（7）汽车到达施工现场后，及时卸货交接，分区堆放好。

4. 钢屋架整体运输

应根据车辆情况进行改装，增加托运架。

（1）将托架安装在改装后的汽车上，拧紧各部连接螺栓，经过空载试运后再正式运输。

（2）使用托运架整体运输钢屋架时，应对称放置，以保证车辆平衡。装卸车时应在先装的一侧用木方支顶，以防单侧承载产生偏重歪斜，造成事故。

（3）钢屋架装车后，应按图5-10所示，用钢丝绳、连杆及钢丝将屋架与屋架之间及屋架与托运架之司绑牢，然后启运。

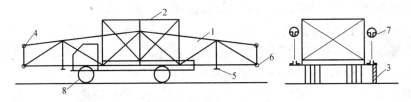

图 5-10　钢屋架运输示意图

1—屋架；2—托运架；3—顶木；4—钢丝绳固定，5—垫木；6—连杆；7—钢丝绳；8—汽车

5. 桥梁板运输

钢桥梁梁板构件一般在工厂分节制作，运到现场组装，运输方案常采用"双桥牵引头-后双桥（拖尾）炮车"，能运输13～30m的梁板，如图5-11所示。

这种运输从动炮车可根据构件的长度来调整，构件装车时，车头和车尾必须在一条直线上。同时，靠车头一侧构件距离车头驾驶室不能太近，要以能够大幅度的转弯时驾驶室刚好能够错过构件顶部为准；同样，车尾放置的位置也必须有一定尺度的把握，这样在转

图 5-11　双桥牵引头-后双桥炮车运输超长钢梁

弯时就可以防止甩尾。

　　对于超大、超重构件，也可以选用专用运梁车或平板运输车，载重量可超过 300t。图 5-12 所示为 ZX380 动力平板运输车。

图 5-12　ZX380 动力平板运输车

第四节　构件的堆放

　　单层工业厂房除了柱和屋架一般在施工现场制作外，其他构件（如单层厂房的吊车梁、连系梁、屋面板）一般却在预制工厂集中生产，运至施工现场进行安装。

　　构件运输到现场后，按施工组织设计所定的平面布置图安排的部位，按编号、安装顺序进行就位和集中堆放。吊车梁连系梁的就位位置，一般在其安装位置的柱列附近，跨内跨外均可，有时也可从运输车辆上直接起吊。屋面板的就位位置，可布置在跨内或跨外，根据起重机安装屋面时所需的回转半径，排放在适当部位。一般情况下，屋面板在跨内就位时，约后退 4～5 个节间开始堆放，跨外就位时，应后退 1～2 个节间。

　　构件集中堆放应注意：场地平整压实并有排水措施；构件应按使用时的受力情况放在垫木上，重叠构件之间要加垫木，上下层垫木要在同一垂直线上；构件之间，应留有20cm 的空隙，以免吊装时互相碰坏；堆垛的高度应按构件强度、垫木强度、地基耐压力以及堆垛的稳定性而定，一般梁 2～3 层，屋面板 6～8 层。

　　单层厂房构件的平面布置，受很多因素影响。制定堆放方案时，要密切联系现场实际，因地制宜，并充分地征求安装部门的意见，确定出切实可行的构件平面布置图。排放构件时，可按比例将各类构件的外形用硬纸片剪成小模型，在同样比例的平面图上，按以上所介绍的各项原则进行布置，在吸取群众意见的基础上，对排放几种方案进行比较，确定出最优方案。

一、构件堆放

（1）板类构件多层堆放时，地面应夯实，各层垫木必须在一条垂直线上，堆放的高度应考虑地基、枕木、垫木的承载能力及堆垛的稳定，垛与垛之间应保留一定距离。空心板、实心板堆放高度，其数量不应超过 8 块，如图 5-13 所示。大型屋面板堆放高度，其数量不应超过 6 块，如图 5-14 所示。

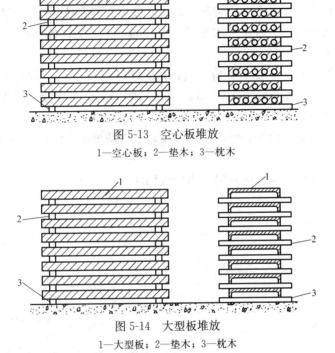

图 5-13　空心板堆放

1—空心板；2—垫木；3—枕木

图 5-14　大型板堆放

1—大型板；2—垫木；3—枕木

（2）横截面高度较大的构件（如钢筋混凝土屋架、钢屋架、托架梁及吊车梁），立放时应支撑稳固，相邻构件的接触处应垫木方或草袋，如图 5-15 所示。

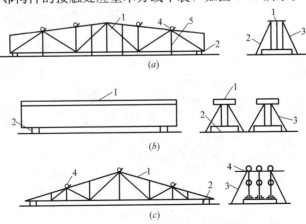

图 5-15　横截面高度较大的构件堆放

（a）混凝土屋架立放时支撑图示；（b）吊车梁立放时支撑图示；（c）三角形钢屋架立放时支撑图示

1—构件；2—垫木；3—撑木；4—固定横杆；5—隔木

二、构件堆放时规定

（1）构件应按照堆置场或构件安装平面图，按构件规格、型号、吊装先后顺序依次分类堆放，将规格、型号的标记朝上，以便查找。并尽可能在吊装设备附近，避免二次搬运。

（2）墙板堆放时应设置支架，按吊装顺序排放。堆放构件时，不得将小构件压在大构件下面。

（3）应根据构件的刚度及受力情况平放或立放，并应保持平稳。底部应放垫木，成堆堆放的构件应以垫木隔开，各层垫木支撑点应在同一平面上，各垫木的位置应紧靠吊环，并在同一垂直线上。

（4）构件的堆放高度，柱子不应超过两层，梁不超过3层，圆孔板、槽形板不超过6～8块。桁架、吊车梁、薄腹梁应正放，并在两侧加支撑，或几个构件用圆木夹住，以钢丝绳连在一起使其稳定。

（5）堆放构件的地面应平整坚实，排水良好，以防地面下沉，使构件变形或倾倒，产生裂缝。

（6）经鉴定不合格的构件应及时运出堆放场地。

第二部分

操 作 技 能

第六章　吊装用绳的连接

第一节　常用绳结、绳夹及索节

一、常用的几种绳结方法

绳结也称绳扣，绳结适用于钢丝绳、麻绳等。常用绳结（扣）如图 6-1 所示。

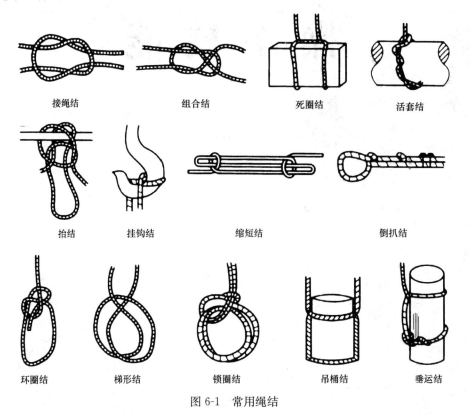

接绳结　　　　组合结　　　　死圈结　　　　活套结

抬结　　　　挂钩结　　　　缩短结　　　　倒扒结

环圈结　　　梯形结　　　锁圈结　　　吊桶结　　　垂运结

图 6-1　常用绳结

二、绳结的特点与用处

（1）接绳结：又称平结、果子扣，用于临时将绳连接起来，当用钢丝绳打结时，应在图中空心处加一根木头以便解开，不至于成为死结。

（2）组合结：用于连接钢丝绳或麻绳。若用于钢丝绳最好加垫圆木。

（3）环圈结：牢固可靠，易解，不出死结，常用于吊装作业中的溜绳。

（4）梯形结：又称 8 字扣、丁香扣，此扣特点是两头受力后越拉越紧，适用于缆风绳。

(5) 锁圈结：又称双套扣，适用于搬运较轻物体时采用此结。

(6) 活套结：又称绞绳扣，用麻绳捆绑小构件时，此扣很适用，应注意的是要压住绳头。

(7) 死圈结：用于平横提起的构件。

(8) 倒扒结：又称地锚扣，用于缆风末端与地锚桩连接。

(9) 挂钩结：吊装用绳，在没有绳套时，可临时用挂钩扣，挂在吊钩上，使吊索不能滑动。

(10) 垂运结：又称倒背扣，此扣适用于物体较长时，且要立着吊装构件。

(11) 抬结：用麻绳抬运和吊运物体。

(12) 缩短结：当绳子过长，所用此扣缩短，大多用于麻绳，拉紧物体，受力小。

(13) 吊桶结：又称抬缸扣，吊动或抬运圆桶形状的物体，主要是将绳索托住物体的底部而不易滑脱。

三、钢丝绳夹

钢丝绳夹又称为卡扣、钢丝绳卡头。主要用于与钢丝绳套环配合，作夹紧固定钢丝绳末端或将两根钢丝绳固定在一起用。选择绳夹时，必须使 U 形螺栓的内侧净距等于钢丝绳的直径。使用绳夹的数量和钢丝绳的直径有关，直径大的应多用。

1. 钢丝绳夹的正确布置方法

(1) 钢丝绳夹的布置。钢丝绳夹正确布置方法按图 6-2 所示，把夹座扣在钢丝绳的工作段上，即将夹座置于钢丝绳的较长部分，而 U 形螺杆置于钢丝绳较短部分或尾段上，钢丝绳夹不得在钢丝绳上交替布置。拆卡后该段钢丝绳不可再次使用。

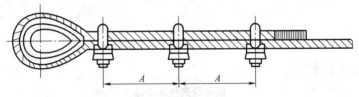

图 6-2　钢丝绳夹正确布置方法

(2) 钢丝绳夹的数量。对于符合标准规定的适用场合，每一连接处所需钢丝绳夹的最少数量和间距推荐按表 6-1 所示数量使用。

钢丝绳夹使用数量和间距　　　　　　　　　表 6-1

钢丝绳直径(mm)	≤19	19～32	33～38	39～44	46～60
钢丝绳夹数量(最小)	3	4	5	6	7
间距	6～7 倍钢丝绳直径				

(3) 绳夹间固定处的强度。钢丝绳夹固定处的强度决定于绳夹在钢丝绳上的正确布置，以及绳夹固定和夹紧的谨慎和熟练程度。不恰当的紧固螺母或钢丝绳夹数量不足就可能使绳子端在承载时，一开始就产生滑动。

如果绳夹严格按推荐数量正确布置和夹紧，固定处的强度为钢丝自身强度的80%。

绳夹在实际使用中，受载一、二次以后就要做检查，螺母要再进一次拧紧。紧固绳夹时要考虑每个绳夹的合理受力，离套环最远处的绳夹不得首先单独紧固。离套环最近处的夹绳（第一个绳头）应尽可能地紧靠套环，但仍需保证绳夹的正确拧紧，不得损坏钢丝绳的外层钢丝。

（4）为了及时能查看到接头夹牢情况，可在最后一个夹头后面约 500mm 处再安一个钢丝绳夹，并将绳头放出一个"安全弯"。当接头的钢丝绳发生滑动时，"安全弯"即被拉直，这时就应立即采取措施，如图 6-3 所示。

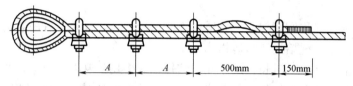

图 6-3　安装钢丝绳夹增设安全弯的方法

2. 钢丝绳夹技术参数

（1）钢丝绳夹如图 6-4 所示。

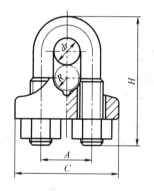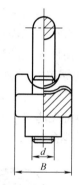

图 6-4　钢丝绳夹图示

（2）钢丝绳夹技术参数见表 6-2。

钢丝绳夹技术参数　　　　　　　　　　表 6-2

绳夹公称尺寸（钢丝绳公称直径 dr）(mm)	A	B	C	R	H	重量(kg)	绳夹公称尺寸（钢丝绳公称直径 dr）(mm)	A	B	C	R	H	重量(kg)
6(Y1-6)	13.0	14	27	3.5	31	0.034	26(Y8-25)	47.5	46	93	14.0	117	1.244
8(Y2-8)	17.0	19	36	4.5	41	0.073	28(Y9-28)	51.5	51	102	15.0	127	1.605
10(Y3-10)	21.0	23	44	5.5	51	0.140	32(Y10-32)	55.5	51	106	17.0	136	1.727
12(Y4-12)	25.0	28	53	6.5	62	0.243	36	61.5	55	116	19.5	151	2.286
14	29.0	32	61	7.5	72	0.372	40(Y11-40)	69.0	62	131	21.5	168	3.133
16(Y5-15)	31.0	32	63	8.5	77	0.402	44(Y12-45)	73.0	62	135	23.5	178	3.470
18	35.0	37	72	9.5	87	0.601	48	80.0	69	149	25.5	196	4.701
20(Y6-20)	37.0	37	74	10.5	92	0.624	52(Y13-50)	84.5	69	153	28.0	205	4.897
22(Y7-22)	43.0	46	89	12.0	108	1.122	56	88.5	69	157	30.0	214	5.075
24	45.5	46	91	13.0	113	1.205	60	98.5	83	181	32.0	237	7.921

四、钢丝绳索节

1. 开式索节图示及技术参数

（1）开式索节图示如图 6-5 所示。

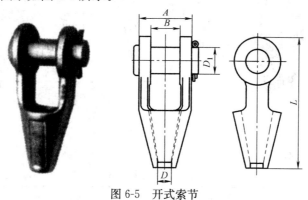

图 6-5　开式索节

（2）开式索节技术参数见表 6-3。

开式索节技术参数

表 6-3

产品型号	规格 d 钢绳直径(mm)	主要尺寸(mm)				
		L	B	A	D	D_1
GH2501	10.5	144	29	45	14	20
GH2502	12	159	31	49	16	22
GH2503	14	176	31	53	18	24
GH2504	16	193	32	58	20	26
GH2505	18	210	35	65	23	29
GH2506	20	227	37	73	25	32
GH2507	22.5	245	40	80	30	35
GH2508	24	262	44	88	32	38
GH2509	25	281	48	96	33	41
GH2510	28	298	51	103	36	44
GH2511	30	316	54	110	38	47
GH2512	31.5	335	56	118	40	50
GH2513	33.5	353	59	125	42	54
GH2514	36	373	62	132	44	57
GH2515	37.5	392	66	138	47	60
GH2516	40	413	70	146	49	63
GH2517	42	434	72	152	52	66
GH2518	45	474	79	167	54	72
GH2519	47.5	494	82	174	57	75
GH2520	50	516	85	181	60	78
GH2521	53	536	89	189	63	81
GH2522	56	567	93	199	66	85
GH2523	60	619	101	215	70	92
GH2524	63	641	105	221	74	95

2. 闭式索节图示及技术参数

（1）闭式索节图示如图 6-6 所示。

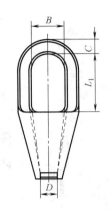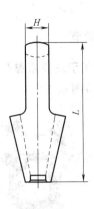

图 6-6　闭式索节

（2）闭式索节技术参数见表 6-4。

闭式索节技术参数　　　　　　　　　　　　　表 6-4

产品型号	规格 d 钢绳直径(mm)	主要尺寸(mm)					
		L	L_1	B	C	D	H
GH2551	10.5	144	63	32	15	14	18
GH2552	12	159	69	34	17	16	20
GH2553	14	176	76	37	19	18	22
GH2554	16	193	84	40	21	20	24
GH2555	18	210	91	43	24	23	27
GH2556	20	227	98	47	26	25	30
GH2557	22.5	245	105	52	29	30	33
GH2558	24	262	112	56	31	32	36
GH2559	25	281	120	60	34	33	39
GH2560	28	298	127	65	36	36	41
GH2561	30	316	134	68	39	38	44
GH2562	31.5	335	142	72	42	40	47
GH2563	33.5	353	150	75	44	42	50
GH2564	36	373	158	80	47	44	53
GH2565	37.5	392	168	84	47	47	56
GH2566	40	413	175	88	52	49	59
GH2567	42	434	184	92	54	52	61
GH2568	45	474	200	101	60	54	67
GH2569	47.5	494	209	104	62	57	70
GH2570	50	516	218	109	65	60	73
GH2571	53	536	227	113	67	63	76
GH2572	56	567	240	119	71	66	80
GH2573	60	619	262	129	78	70	87
GH2574	63	641	271	133	81	74	90

五、钢丝绳梨形绳套

1. 梨形绳套图示如图 6-7 所示。

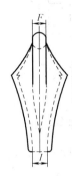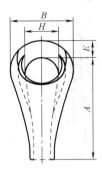

图 6-7　梨形绳套

2. 梨形绳套技术参数见表 6-5。

梨形绳套技术参数

表 6-5

产品型号	行业代号	钢绳直径（mm）	主要尺寸(mm)					
			A	B	E	F	H	I
TH2701	1	10-11	69	48	12	12	24	12
TH2702	2	12-13	79	56	15	14	25	14
TH2703	3	14-15	91	64	17	16	29	16
TH2704	4	16-17	103	70	19	18	31	18
TH2705	5	18-19	114	84	21	19	38	20
TH2706	6	20-21	129	84	23	21	42	22
TH2707	7	22-24	140	100	26	23	44	26
TH2708	8	25-27	158	100	28	25	48	29
TH2709	9	28-30	171	120	31	27	56	31
TH2710	10	31-33	190	120	32	29	58	35
TH2711	11	34-36	203	142	36	31	64	37
TH2712	12	37-39	225	142	39	35	68	40
TH2713	13	40-42	242	166	43	37	70	43
TH2714	14	43-45	265	166	47	41	72	47
TH2715	15	46-48	288	166	49	43	80	51
TH2717	17	56	340	220	60	54	90	59

六、楔形接头

1. 楔形接头图示如图 6-8 所示。

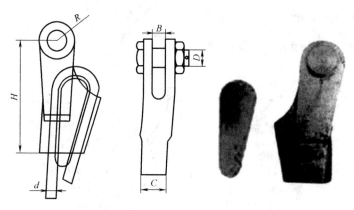

图 6-8 楔形接头

2. 楔形接头技术参数见表 6-6。

楔形接头技术参数

表 6-6

产品型号	适用钢丝绳 直径 d(mm)	主要技术参数(mm)				
		B	C	D	R	H
XH811	6	13	25	16	20	90
XH812	8	15	27	18	22	100
XH813	1	18	30	20	24	120
XH814	12	20	36	25	30	155
XH815	14	23	41	30	36	185
XH816	16	26	48	34	40	195
XH817	18	28	52	36	44	195
XH818	20	30	58	38	45	220
XH819	22	32	64	40	48	240
XH8110	24	35	71	50	60	260
XH8111	26	38	76	55	66	280
XH8112	28	40	78	60	72	305
XH8113	32	44	84	65	78	360
XH8114	36	48	96	70	84	390
XH8115	40	55	103	75	90	470
XH8116	45	60	118	80	96	540
XH8117	50	65	130	85	102	600
XH8118	56	70	146	90	108	680
XH8119	65	75	170	100	120	780

第二节 钢丝绳的插编连接

钢丝绳的插接后称为吊索、千斤绳、绳扣、带子绳、绳套，主要用于捆绑构件和起吊构件的索具。

一、编插长度

"0"形和"8"字形吊索编插方式、插编长度如图6-9所示。

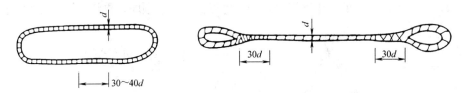

图6-9 "0"形和"8"字形吊索编插长度

二、编插方法

1. "32111"编插法

此法起头为插3压1,插2压1,插1压1的方法。图6-10为其剖面示意,图中①~⑥代表绳股,一~十二、二十五~二十七为编插顺序。

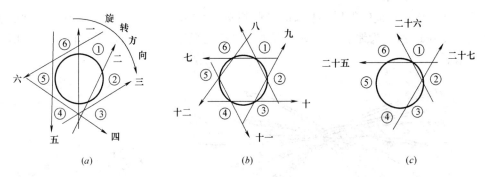

图6-10 32111法编插示意图
(a)起头剖视;(b)中间剖视;(c)巧收尾剖视

2. "43222"编插法

此法同"32111"方法只有起头不一样,中间及收尾均相同,如图6-11所示。

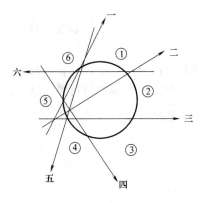

图6-11 "43222法"插编起头示意图

3. 对编插法

此法要计算好编插长度及吊索的环套大小，在钢丝绳上用 20 号细钢丝捆住，如图 6-12 (a) 中 a—a 处。然后将钢丝绳以三股为组数分开两支，分开时不要将三股抖开，再根据吊索的环套大小，将这两支按原钢丝绳的扭绞痕迹，相互编捻在一起，如图 6-12 (b)、(c) 所示，a—a 为对编捻处。当下绳段抖开，再以插 1 编 1 顺序，再编插 3～4 次即可。

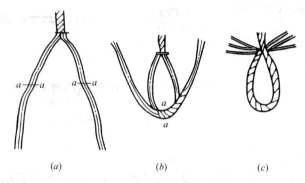

图 6-12　钢丝绳的对编插示意图

4. "等二"编插法

此法适用于对接绳的编插。起头时各股相交，编插时每次压两股，直到编插到所需长度为止，图 6-13 所示为编插示意图。为防止对接处绳径过大，可以采取隔一股、切断一股的做法。

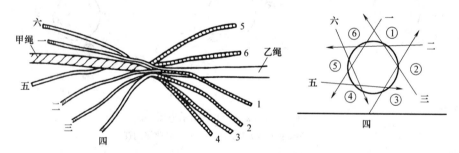

图 6-13　"等二"法对接钢丝绳示意图

三、吊索编插要点

（1）编插前按所需长度（编插搭接长＋预留长度）用 20 号钢丝捆牢，每股钢丝头用胶布或细麻绳扎牢后方可松绳。

（2）编插第一股时，要注意编插方向，防止绳扣插好后有破"劲"现象。

（3）编插吊索应一面插，一面用木槌等物敲打紧。这样编插的吊索整齐又实用。

（4）编插长度符合要求后，去掉麻芯，各股截口不应在同一断面上。

第七章 起重安装操作技术

第一节 吊点的选择

在起吊物体时，为了使物体稳定，不出现摇摆、倾斜、转动、翻倒等现象，必须正确选择吊点。选择吊点要了解物体的重量、重心以及形状、体积、结构等，但不论采用几点吊装，都始终要使吊钩或吊索连接的交点的垂线通过被吊物体的重心。在吊运作业中，准确确定被吊重物的吊点十分重要，它直接关系到吊装结果和操作安全。

一、吊点选择的基本要求

（1）吊点的选择必须保证被吊物体不变形、不损坏，起吊后不转动、不倾斜、不翻倒。

（2）吊点的选择应根据被吊重物的结构、形状、体积、重量、重心等特点以及吊装的要求，结合现场作业条件，确定合理可行、安全、经济、省力的吊运方法。

（3）吊点的选择必须根据被吊物体运动到最终状态时重心的位置来确定。

（4）吊点的多少必须根据被吊物体的强度、刚度和稳定性及吊索的允许拉力来确定。

（5）吊点的选择必须保证吊索受力均匀，各承载吊索间的夹角一般不应大于 $60°$，其合力的作用点必须与被吊物体的重心在同一条铅垂线上，保证吊运过程中吊钩与吊物的重心在同一条铅垂线上。

（6）对于原设计有起吊耳环、起吊孔的物体，吊点应使用原设计的耳环、吊孔。

（7）对于有吊点标记的物体，应使用物体出厂时标记的吊点吊运，不得任意改动。

（8）在说明书中提供吊装图的物体，应按吊装图找出吊点吊运。

二、匀质细长杆件的吊点选择

吊装细长物体，如管桩、钢板桩、塔类、钢柱、钢梁杆件，应事先计算然后按照计算的结果确定吊点位置。对于此类吊物，如果吊点选择不正确，极易因力矩不平衡导致旋转，甚至产生弯曲变形、折断或倾翻，造成事故。匀质细长杆件的吊点位置的确定有以下几种方法：

（1）一个吊点：起吊点位置应设在距起吊端 $0.3L$（L 为物体的长度）处。如一匀质细长物体长度为 10m，则捆绑位置应设在物体起吊端距端部 $10×0.3＝3m$ 处，如图 7-1（a）所示。

（2）两个吊点：如起吊用两个吊点，则两个吊点应分别距物体两端 $0.21L$ 处。如果物体长度为 10m，则两吊点位置分别距两端 $10×0.21＝2.1m$，如图 7-1（b）所示。

（3）三个吊点：如物体较长，为减少起吊时物体所产生的应力，可采用三个吊点。三个吊点位置确定的方法是，首先用 0.13L 确定出两端的两个吊点位置，然后把两吊点间的距离等分，即得第三个吊点的位置，也就是中间吊点的位置。如杆件长 10m，则两端吊点位置为 $10 \times 0.13 = 1.3$m，如图 7-1（c）所示。

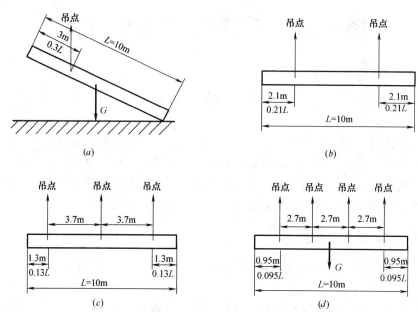

图 7-1　吊点位置选择示意图

（a）单个吊点；（b）两个吊点；（c）三个吊点；（d）四个吊点

（4）四个吊点：选择四个吊点，首先用 0.095L 确定出两端的两个吊点位置，然后再把两吊点间的距离进行三等分，即得中间两吊点位置。如杆件长 10m，则两端吊点位置分别距两端 $10 \times 0.095 = 0.95$m，中间两吊点位置分别距两端 $10 \times 0.095 + 10 \times (1 - 0.095 \times 2)/3$，如图 7-1（d）所示。

三、异形物体辅助吊点

在异形物体装配时，可采用辅助吊点配合简易吊具调节物体所需位置的吊装法。通常多采用捯链来调节物体的位置。如图 7-2 所示，调整捯链铰链长度，当放长铰链时，物体绕重心顺时针旋转，缩短铰链时，物体绕重心逆时针旋转，调整异形物体到达预定装配位置。

四、物体翻转

（1）兜翻。物体翻转常见的方法主要有兜翻，一种方式是将吊点选择在物体重心之下，如图 7-3（a）所示；另一种方式是将吊点选择在物体重心一侧，如图 7-3（b）所示。

物体兜翻时应根据需要加护绳，护绳的长度应略长于物体不稳定状态时的长度，同时应指挥起重机，使吊钩顺

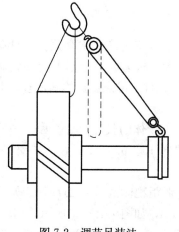

图 7-2　调节吊装法

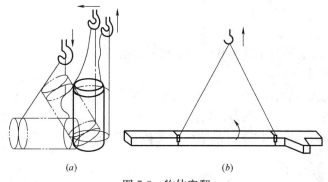

(a)

(b)

图 7-3 物体兜翻

(a) 圆柱体的兜翻；(b) 牛腿柱的兜翻

翻倒方向移动，避免物体倾倒后的碰撞冲击。

（2）对于大型物体的翻转，一般采用绑扎后利用几组滑车或主副钩或两台起重机在空中完成翻转作业。翻转绑扎时，应根据物体的重心位置、形状特点选择吊点，使物体在空中能顺利安全翻转。

如图 7-4 所示，用主副钩对大型封头的空中翻转，在略高于封头重心相隔 180°位置选两个吊装点 A 和 B，在略低于封头重心与 A、B 中线垂直位置选一吊点 C。主钩吊 A、B 两点，副钩吊 C 点，起升主钩使封头处在翻转作业空间内。副钩上升，用改变其重心的方法使封头开始翻转，直至封头重心越过 A、B 点，翻转完成 135°时，副钩再下降，使封头水平完成 180°空中翻转作业。

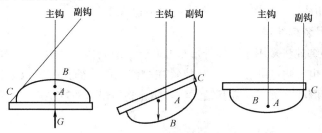

图 7-4 封头翻转 180°

（3）物体翻转或吊运时，每个吊环、节点承受的力应满足物体的总重量。对大直径薄壁型物体和大型屋架构件吊装，应特别注意所选择吊点是否满足被吊物体整体刚度或构件结构的局部强度、刚度要求，避免起吊后发生整体变形或局部变形而造成的构件损坏。必要时应采用临时加固辅助吊具法，如图 7-5 所示。

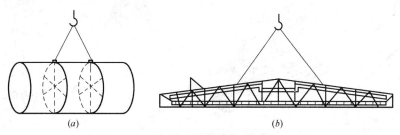

(a)

(b)

图 7-5 吊运结构件临时加固

（a）薄壁构件临时加固吊装；(b) 大型屋架临时加固吊装

五、物体绑扎

物体的绑扎方法有平行吊装绑扎法和垂直斜形吊装绑扎法等。

1. 平行吊装绑扎法

平行吊装绑扎法一般有两种。一种是用一个吊点，适用于短小、重量轻的物体。在绑扎前应找准物体的重心，使被吊的物体处于水平状态，这种方法简便实用，常采用单支吊索穿套结索法吊装作业。根据所吊物体的整体性和松散性，选用单圈或双圈穿套结索法，如图7-6所示。

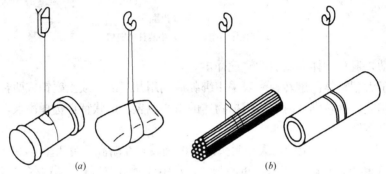

图 7-6 单、双圈穿套结索法
(a) 单圈；(b) 双圈

另一种是用两个吊点，这种吊装方法是绑扎在物体的两端，常采用双支穿套结索法和吊篮式结索法，如图7-7所示，吊索之间夹角不得大于120°。

2. 垂直斜形吊装绑扎法

垂直斜形吊装绑扎法多用于物体外形尺寸较长、对物体安装有特殊要求的场合。其绑扎点多为一点绑法（也可两点绑扎）。绑扎位置在物体端部，绑扎时应根据物体质量选择吊索和卸扣，并采用双圈或双圈以上穿套结索法，防止物体吊起后发生滑脱，如图7-8所示。

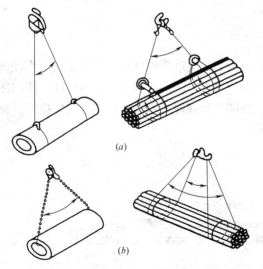

图 7-7 双圈穿套及吊篮结索法

(a) 双支单、双圈穿套结索法；(b) 吊篮式结索法

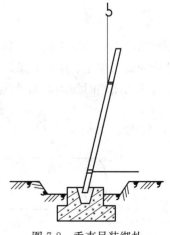

图 7-8 垂直吊装绑扎

122

物体绑扎方法较多，应根据作业的类型、环境、设备的重心位置来确定。通常采用平行吊装两点绑扎法。如果物体重心居中可不用绑扎，采用兜挂法直接吊装，如图7-9所示。

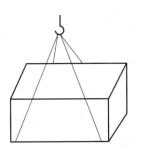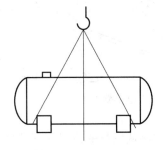

图 7-9　兜挂法吊装

第二节　起重作业的基本操作

一、撬

在吊装作业中，为了把物体抬高或降低，常采用撬的方法。撬就是用撬杠把物体撬起，如图7-10所示。这种方法一般用于抬高或降低较轻物体（约2000～3000kg）的操作中。如工地上堆放空心板和拼装钢屋架或钢筋混凝土天窗架时，为了调整构件某一部分的高低，也可采用这种方法。

撬属于杠杆的第一类型（支点在中间）。撬杠下边的垫点就是支点。在操作过程中，为了达到省力的目的，垫点应尽量靠近物体，以减小（短）重臂，增大（长）力臂。作支点用的垫物要坚硬，底面积宜大而宽，顶面要窄。

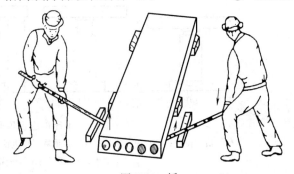

图 7-10　撬

二、磨

磨是用撬杠使物体转动的一种操作，也属于杠杆的第一类型。磨的时候，先要把物体撬起同时推动撬杠的尾部使物体转动（要想使重物向右转动，应向左推动撬杠的尾部）。

图 7-11　磨

当撬杠磨到一定角度不能再磨时，可将重物放下，再转回撬杠磨第二次，第三次等。

在吊装工作中，对重量较轻、体积较小的构件，如拼装钢筋混凝土天窗架需要移位时，可一人一头地磨；如移动大型屋面板时可以一个人磨，如图7-11所示，也可以几个人对称地站在构件的两端同时磨。

图 7-12 拨

三、拨

拨是把物体向前移动的一种方法，它属于第二类杠杆，重心在中间，支点在物体的底下，如图 7-12 所示。将撬杠斜插在物体底下，然后用力向上抬，物体就向前移动。

四、顶和落

顶是指用千斤顶把重物顶起来的操作，落是指用千斤顶把重物从较高的位置落到较低位置的操作。

第一步，将千斤顶安放在重物下面的适当位置，如图 7-13（a）所示。第二步，操作千斤顶，将重物顶起，如图 7-13（b）所示。第三步，在重物下垫进枕木并落下千斤顶，如图 7-13（c）所示。第四步，垫高千斤顶，准备再顶升，如图 7-13（d）所示。如此循环往复，即可将重物一步一步地升高至需要的位置。落的操作步骤与顶的操作步骤相反。在使用油压千斤顶落下重物时，为防止下落速度过快发生危险，要在拆去枕木后，及时放入不同厚度的木板，使重物离木板的距离保持在 5cm 以内，一面落下重物，一面拆去和更换木板。木板拆完后，将重物放在枕木上，然后取出千斤顶，拆去千斤顶下的部分垫木，再把千斤顶放回。重复以上操作，一直到将重物落至要求的高度。

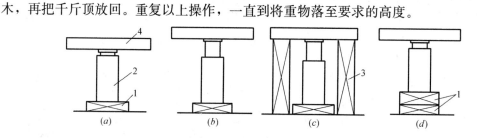

图 7-13 用千斤顶逐步顶升重物程序图

（a）最初位置；（b）顶升重物；（c）在重物下垫进枕木；（d）将千斤顶垫高准备再次提升

1—垫木；2—千斤顶；3—枕木；4—重物

五、滑

滑就是把重物放在滑道上，用人力或卷扬机牵引，使重物向前滑移的操作。滑道通常用钢轨或型钢做成，当重物下表面为木材或其他粗糙材料时，可在重物下设置用钢材和木材制成的滑橇，通过滑橇来降低滑移中的摩阻力。图 7-14 所示为一种用槽钢和木材制成的滑橇示意图。滑橇下部由两层槽钢背靠背焊接而成，上部由两层方木用道钉钉成一体。滑移时所需的牵引力必须大于

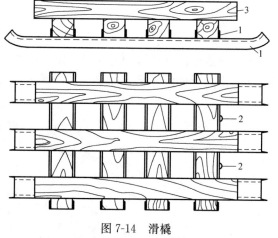

图 7-14 滑橇

1—槽钢；2—牵引环；3—方木

物体与滑道或滑橇与滑道之间的摩阻力。

六、滚

滚就是在重物下设置上下滚道和滚杠，使物体随着上下滚道间滚杠的滚动而向前移动的操作。

滚道又称走板。根据物体的形状和滚道布置的情况，滚道可分为两种类型：一种是用短的上滚道和通长的下滚道，如图 7-15（a）所示；另一种是用通长的上滚道和短的下滚道，如图 7-15（b）所示。前者用以滚移一般物体，工作时在物体前进方向的前方填入滚杠；后者用以滚移长大物体，工作时在物体前进方向的后方填入滚杠。

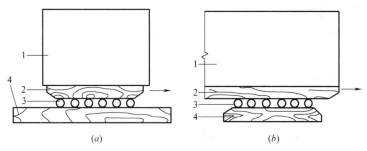

图 7-15　滚道
（a）短的上滚道和通长的下滚道；（b）长的上滚道和短的下滚道
1—物件；2—上滚道；3—滚杠；4—下滚道

上滚道的宽度一般均略小于物体宽，下滚道则比上滚道稍宽。滚移重量很大的物体时，上、下滚道可用方木做成，滚杠可用硬杂木或钢管。上、下滚道可采用钢轨制成，滚杠用无缝钢管或圆钢。为提高钢管的承载力，可在管内灌混凝土。滚杠的长度应比下滚道宽度长 20～40cm。滚杠的直径，根据荷载的不同，一般为 5～10cm。

滚运重物时，重物的前进方向用滚杠在滚道上的排放方向控制。要使重物直线前进，必须使滚杠与滚道垂直，要使重物拐弯，则使滚杠向需拐弯的方向偏转。纠正滚杠的方向，可用大锤敲击。放滚杠时，必须将杠头放整齐。

第三节　构件安装的准备工作

准备工作的内容包括场地清理、道路修筑、基础准备、构件的检查、清理、构件拼装加固、构件运输、堆放、弹线放样以及吊装机具的准备等。准备工作在结构安装工程中占有很重要的地位，它不仅影响施工进度与安装质量，而且对组织有节奏的文明施工，消除现场混乱现象有很大关系。

一、安装前主要准备工作

1. 场地清理与铺设道路

施工场地清理符合施工现场要求的三通一平，使得有一个平整舒适的作业场所。起重机进场之前，按照现场平面布置图，进行道路修筑，便于运输车辆和起重机械能够很方便地进出施工现场。标出起重机的开行路线，清理道路上的杂物，进行平整压实。回填土或松软地基上，要用枕木或厚钢板铺垫。雨期施工要做好排水沟，准备一定数量的抽水机械，以便及时排水。

2. 构件的检查与清理

为保证吊装的安全和建筑工程的质量，对所有构件要进行全面检查。检查构件的型号、数量是否与设计相符。检查构件的混凝土强度，检查预埋件、预留孔的位置和大小及质量等，并做好相应清理工作。

（1）检查构件的强度

构件在安装时，混凝土强度应不低于设计对安装所规定的强度，不低于设计强度的75%，对于一些大跨度的构件，如屋架则应达到100%。

（2）检查构件的外形尺寸

查构件外观质量（变形、缺陷、损伤等）、截面尺寸、接头钢筋、预埋件的位置和尺寸、吊环的规格和位置。

1）柱子：检查总长度，柱脚底面的平整度，截面尺寸，各部位预埋铁件的位置与尺寸，柱底到牛腿面的长度等。

2）屋架：检查总长度，侧向弯曲，连接屋面板、天窗架、支撑等构件的预埋铁件的数量与位置，用于连接件预留孔洞的贯通等。

3）吊车梁：检查总长度，高度，侧向弯曲，预埋铁件的位置等。

4）构件表面：检查构件表面有无损伤、变形、扭曲、裂缝及其他损坏现象，预埋件无变形，位置准确，预埋铁件上如粘有砂浆等污物，应予以清除，以免影响拼装及焊接。

5）吊环检查：吊环的位置和规格，吊环有无变形损伤，吊环孔洞能否穿卡环或钢丝绳。

二、构件的弹线与编号

构件经过检查，质量合格后，即可在构件上弹出安装中心线。弹安装中心线、准线（柱五线，屋架三线，吊车梁二线），作为构件安装、对位、校正的依据。外形复杂的构件，还要标出它的重心和绑扎点位置。具体要求是：

（1）柱子：柱子在柱身三面弹出安装中心线（可弹两小面、一个大面）。矩形截面柱，可按几何中心弹线；工字形截面柱，除在矩形截面部分弹出中心线外，为便于观测及避免视差，还应在工字截面的翼缘部位弹一条与中心线平行的线。所弹中心线的位置应与柱基杯口面上的安装中心线相吻合。此外，在柱顶与牛腿面上还要弹出屋架及吊车梁的安装中心定位线。

（2）吊车梁：在吊车梁的两端及顶面弹出安装中心线。

（3）屋架：屋架上弦顶面应弹出几何中心线，并将中心线延至屋架两端下部，再从跨度中央向两端分别弹出天窗架、屋面板或檩条的安装中心定位线，在屋架两端弹出安装中心线，以及安装构件的两侧端线。

（4）梁：两端及顶面弹出安装中心线和两端线。

（5）编号：在构件弹线的同时，按图纸在统一位置编号，并注明位置、方向，将构件与安装的位置进行对应的编号。安装时，可以根据相对应的编号进行安装、定位、校正。编号要写在明显的部位。不易辨别上下左右的构件，应在构件上用记号标明，以免安装时将方向搞错。

三、杯形基础的准备工作

先检查杯口的尺寸，再在基础杯口顶面弹出十字交叉的安装中心线，用红油漆画上三角形标志。杯底标高一般做得比设计标高低 25～50mm，各柱杯底按牛腿标高抄平一致后填细石混凝土。

四、料具的准备

进行结构安装之前，要准备好钢丝绳、吊具、吊索、滑车等；还要配备电焊机、电焊条；为配合高空作业，便于人员上下，准备好轻便的竹梯或挂梯。为临时固定柱子和调整构件的标高，准备好各种规格的钢垫片、木楔或钢楔。

第四节　起重机的选用

单层工业厂房类型很多，一般常见的中小型厂房平面尺寸大，构件较轻，安装高度不大，生产设备的安装多在厂房结构架设完成后进行，施工阶段现场比较空旷，适于采用履带式起重机进行安装。如果工程量不大，为减少进出场费用，大多采用汽车式起重机进行安装。

起重机的选择关系到构件安装方法、起重机械开行路线、停机位置、构件平面布置等许多问题，主要包括机械类型和数量的选择，应首先决定安装用的主导机械类型和数量，然后再选择辅助机械。

中小型单层厂房结构常用履带式起重机和汽车式起重机，也可用塔式起重机、桅杆式起重机；重型单层厂房可选用两台起重机抬吊。

起重机型号的确定，应根据所安装的构件尺寸、重量以及安装位置而定。起重机的性能和起重臂长度等参数，均应满足结构安装的要求。

一、起重机型号及起重臂长度的选择

1. 起重量
起重机的最小起重量应等于所安装构件的重量与索具重量之和。即：
$$Q_{\min}=Q+q$$
式中　$Q_{\min}$——起重机的最小起重量（t）；

Q——构件的重量（t）；

q——索具的重量（t）。

2. 起重高度
（1）屋架安装时的起重高度计算

起重机的起重高度必须满足所吊件的吊装高度要求，起重机的最小起重高度（图7-16），应满足下式：
$$H_{\min}=h_1+h_2+h_3+h_4$$
式中　$H_{\min}$——起重机最小起重高度（m）；

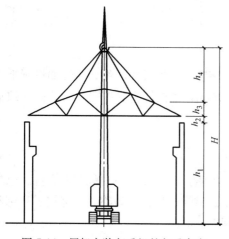

h_1——安装支座表面高度，自停机面算起（m）；

h_2——安装空隙，一般不小于0.3m；

h_3——绑扎点至所吊构件底面的距离（m）；

h_4——吊索高度（绑扎点至吊钩底）（m）。

（2）柱安装时所需要的高度

柱安装时所需要的高度如图7-17所示。

$$H=h_1+h_2+h_3+d$$

式中　H——起重机起重高度（m）；

图7-16　屋架安装起重机的起重高度

h_1——构件高度（m）；

h_2——安装空隙（m）；

h_3——索具高度（m）；

d——基础面的高度加上吊车停止处的地面高度与基础地面高度之差（m），如地势平坦，此差可视为零。

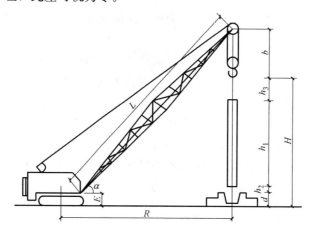

图7-17　柱安装起重机的起重高度

（3）起重机的有效高度

$$H'=L\cdot\sin\alpha+E-b$$

式中　L——起重臂长（m）；

α——起重臂的仰角（°）；

E——起重臂的下轴距地面高度（m）；

b——起重臂顶部滑轮中心至起重钩的底部高度（m）。

（4）构件安装时所需高度与起重有效高度的关系

$$H'=H$$

3. 回转半径

回转半径又称为起重半径，也称工作幅度。当起重机可以不受限制地开到构件吊装位置附近吊装构件时，对起重半径没有什么要求。当起重机不能直接开到构件吊装位置附近去吊装构件时，就需要根据起重量、起重高度、起重半径三个参数，查阅起重机的性能表或性能曲线来选择起重机的型号及起重臂的长度。

安装构件时所需的最小回转半径与起重机型号和所吊构件的横向尺寸有关。一般根据所需的 Q_{min}、H_{min} 值，初步选定起重机型号，再按下式进行计算。回转半径的计算简图见图 7-18，计算公式如下：

$$R=r+B+a$$

式中　r——起重机旋转轴至起重臂下轴中心距（m）；

　　　B——起重机臂下轴中心至吊起的构件边缘的距离（m）；

$$B=g+(H-h_2-h_4-E)\times\cos\alpha$$

　　　g——构件边缘与起重臂之间应留的水平空隙最少 0.5m；

　　　h_4——吊索高度（m）；

　　　E——起重臂下轴中心至地面的高度（m）；

　　　α——起重臂的仰角（°）；

　　　a——构件起吊中心线至构件边缘的距离（m）。

起重机的回转半径是根据起重臂的长度，以及允许最大仰角和最小仰角而确定的。

构件所需的回转半径（幅度）如图 7-18 所示，其中 d 为起重杆顶至吊钩底面的距离。

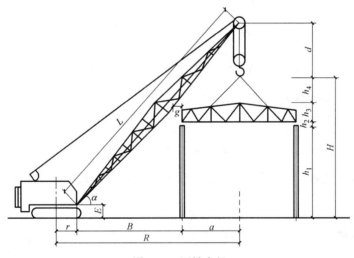

图 7-18　回转半径

4. 最小杆长的确定

当起重机的起重臂杆需跨过已安装好的结构去安装其他构件时，为了避免起重臂与已安装的结构构件相碰，则需求出起重机的最小臂长；如跨过屋架安装屋面板，为了不碰屋架，就要求出起重机的最小起重臂杆长度。决定最小杆长可用数解法或图解法。

（1）数解法（图 7-19）

图 7-19 中　L——起重臂的长度（m），

　　　　　　a——起重钩跨过已安装结构的距离（m）；

　　　　　　α——起重臂的仰角；

　　　　　　h——起重臂底铰至构件顶的高度（m），按下式计算；

$$h=h_1+c+b+f-E;$$

h_1——停机面至构件（如屋面板）吊装支座的高度（m）；

f——起重钩需跨过已安装结构构件的距离（m）；

E——起重臂底铰至停机地面的距离（m）；

c——屋面板与屋架的安装空隙，至少取 0.3m；

b——屋面板厚度（m）

F——起重臂底铰至回转中心距离。

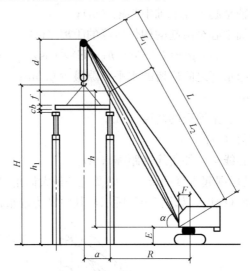

图 7-19　吊装屋面板时起重机臂长数解法计算简图

最小杆长 L_{min} 的计算公式，可用下法求得：

起重杆长 L，可分作两段，即：

$$L = L_1 + L_2 = \frac{a}{\cos\alpha} + \frac{h}{\sin\alpha}$$

上式仰角 α 为变数，欲求最小杆长时的 α 值，仅需对上式进行一次微分，并令

$$\frac{dL}{da} = 0$$

即可求出 α 值：

$$\frac{dL}{da} = -\frac{a\sin\alpha}{\cos^2\alpha} + \frac{h\cos\alpha}{\sin^2\alpha} = 0$$

解得：

$$\frac{\sin^3\alpha}{\cos^3\alpha} + \frac{h}{a} = 0$$

即，

$$\tan^3\alpha = \frac{h}{a}$$

$$\alpha\arctan\sqrt[3]{\frac{h}{a}}$$

以求得的 α 值代入 $L = L_1 + L_2$ 式子，即可算出起重杆长 L 的理论值，再根据所选起重机的实际杆长加以确定，据此，可选择适当长度的起重臂，然后根据实际采用的起重臂

及仰角 α 计算起重半径 R。

根据计算出的起重半径及已选定的起重臂长度 L，查起重机的性能表或性能曲线，复核起重量 Q 及起重高度 H。如能满足吊装要求，即可根据 R 值确定起重机吊装屋面板时的停机位置。

当起重杆的杆长为 $L_{\min}$ 时，即可用下式算出相应的 R、H，用以确定起重机的开行路线及停机点位置。

$$R=L_{\min}\cos\alpha+F$$

$$H=L_{\min}\sin\alpha+E-d$$

式中　E——起重机回转中心至起重杆枢轴中心的距离（m）；

　　　d——起重杆顶至吊钩底面的距离，一般取 $2\sim3.5\mathrm{m}$。

（2）图解法

按比例画出厂房的纵剖面，图解法求起重机的最小起重臂长度，如图 7-20 所示。

第一步，选定合适的比例；绘制厂房一个节间的纵剖面图；绘制起重机吊装屋面板时吊钩位置处的铅垂线 HD；根据初步选定的起重机的 E 值绘出水平线 AB；根据所选起重机的 E 值（起重杆枢轴中心距停机面距离），画出水平线 AB；

第二步，通过屋面板中心点 D 画铅垂线 HD；此时，屋面板距屋架的空隙可取 $0.2\sim0.3\mathrm{m}$，均按比例画出。在所绘的纵剖面图上，自屋架顶面中心向起重机方向水平量出距离 g，g 至少取 $1\mathrm{m}$，定出点 P；

第三步，求出起重臂的仰角 α，过 P 点作直线，使该直线与水平线 AB 的夹角等于 α，交铅垂线 HD 于 H、B 两点；

第四步，用尺的零点在水平线 AB 上滑动，以选择合适的停机点，B 点定后，HB 的实际长度即为所需起重臂的最小长度。

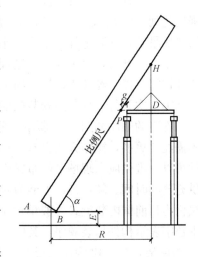

图 7-20　图解法求最小杆长

二、起重机数量的确定

起重机型号选定后，根据厂房的工程量、工期及起重机的台班产量，可用下式计算所需的起重机数量。

此外，在决定起重机数量时，还应考虑构件装卸、拼装和就位的工作需要。当起重机数量已定，可用以下公式计算所需工期或每天应工作的班数。

$$N=\frac{1}{T\cdot C\cdot K}\sum\frac{Q}{P}$$

式中　N——起重机台数；

　　　T——工期（天）；

　　　C——每天工作班数；

　　　K——时间利用系数，一般取 $0.8\sim0.9$；

Q——每类构件的安装工程量（件或 t）；

P——起重机相应的产量定额（件/台班或 t/台班）。

第五节　结构安装方法和起重机开行路线

单层工业厂房结构的主要构件有柱子、吊车梁、连系梁、屋架、天窗架、屋面板等。

一、结构安装方法

单层工业厂房的结构安装方法有分件安装法和综合安装法两种。

1. 分件安装法

起重机在车间每开行一次，仅吊装一种或两种构件。根据构件所在的结构部位的不同，通常一般厂房仅需开行三次，即可安装好全部构件。三次开行中每次的安装任务是：

第一次开行，安装全部柱子，经校正，最后固定及柱杯口混凝土施工。当杯口混凝土强度达到 70％的设计强度后可进行第二次吊装。同时，吊车梁、连系梁也要运输就位。第二次吊装，安装全部吊车梁、连系梁。

第二次开行，跨中开入、进行屋架的扶直就位，再转至跨外，安装全部吊车梁、连系梁及柱间支撑，经校正，最后固定之后可进行第三次吊装。

第三次开行，分节间安装屋架、天窗架、屋面板及屋面支撑等。

安装的顺序如图 7-21 所示。分件安装法每次开行，基本都是安装同类型构件，索具不需经常更换，操作方法也基本相同，因此，安装速度快，能充分发挥起重机的效率，构件可以分批供应，现场平面布置比较简单，也给构件校正、接头焊接、灌缝混凝土养护提供充分的时间。缺点是：不能为后续工序及早提供工作面，起重机的开行路线较长。但本法仍为目前国内装配式一般单层工业厂房结构安装中广泛采用的一种安装方法。图 7-21 中数字表示构件吊装顺序，其中 1～12 为柱，13～32 单数是吊车梁，双数是连系梁，33、34 为屋架，35～42 为屋面板。

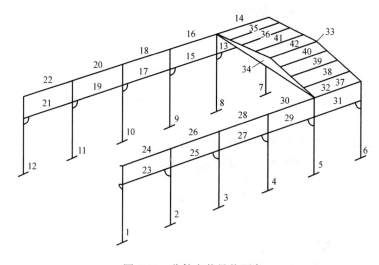

图 7-21　分件安装吊装顺序

2. 综合安装法

综合安装法是指起重机在厂房内的一次开行中（每移动一次），就安装完一个节间内的各种类型的构件。综合吊装法是以每节间为单元，分节间一次性安装完所有的各种类型的构件。具体的做法是：先安装 4~6 根柱子，立即加以校正和最后固定，随后安装这个节间内的吊车梁、连系梁、屋架、天窗架和屋面板等构件。起重机在每一个停机点上，安装一个节间的全部构件，安装完后，起重机移至下一节间进行安装。这种方法的优点是，停机点少，起重机开行路线短。能持续作业；吊完一个节间，其后续工种就可进入节间内工作，使各工种进行交叉平行流水作业，有利于缩短工期。

缺点是：由于同时安装不同类型的构件，需要更换不同的索具，安装速度较慢；使构件供应紧张和平面布置复杂；构件的校正困难，最后固定时间紧迫。操作面狭窄，易发生安全事故。综合安装法需要进行周密的安排和布置，施工现场需要很强的组织能力和管理水平，因此，施工现场很少采用，对于某些结构（如门式框架结构）有特殊要求，或采用桅杆式起重机，因移动比较困难，才考虑用此法进行安装，如图 7-22 所示。

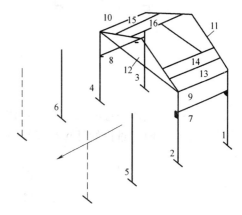

图 7-22　综合安装吊装顺序

二、起重机的开行路线

起重机的开行路线和起重机的性能、构件的尺寸与重量、构件的平面布置、构件的供应方法、安装方法等有关。

采用分件安装法时，起重机开行路线如下：

（1）柱子布置在跨内时，起重机沿跨内靠边开行；布置在跨外时，起重机沿跨外开行。每一停机点一般吊一根柱子。吊装柱子时，则视跨度大小、构件尺寸、质量及起重机性能，可沿跨中开行或跨边开行，设起重机吊装柱子时的回转半径为 R，厂房跨度为 L，柱距为起重机开行路线至跨边的最小距离，如图 7-23 所示。当 $R \geqslant L/2$ 时，起重机可沿跨中开行，每个停机位置可吊装两根柱子，如图 7-23（a）所示；当 $R \geqslant \sqrt{a^2 + (b/2)^2}$ 时，则可吊装四根柱，如图 7-23（b）所示；当 $R < L/2$ 时，起重机需沿跨边开行，每个停机位置吊装 1~2 根柱，如图 7-23（c）、（d）所示。

（2）屋架扶直就位，起重机沿跨外开行。

（3）吊装屋架、屋面板等屋面构件时起重机沿跨中开行。

当厂房面积比较大，或为多跨结构时，为加快安装进度，可将建筑物划分为若干段，用多台起重机同时作业，每台起重机负责一个区段的全部安装任务。也可选用不同性能的起重机，有的专安装柱子，有的专安装屋盖，分工合作，互相配合，组织大流水施工。

制定安装方案时，尽可能使起重机的开行路线最短，在安装各类构件的过程中，互相衔接，环环相扣，不跑空车。同时，开行路线要能多次重复使用，以减少铺设钢板、枕木

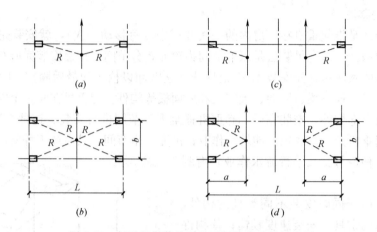

图 7-23　起重机吊装柱子的开行路线及停机位置

等设施。要充分利用附近的永久性道路作为起重机的开行路线。图 7-24 是一个单跨车间采用分件安装法时起重机的开行路线及停机位置图。

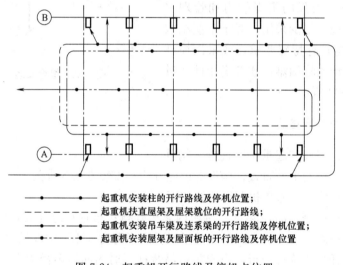

──•─── 起重机安装柱的开行路线及停机位置；
------- 起重机扶直屋架及屋架就位的开行路线；
─•─•─ 起重机安装吊车梁及连系梁的开行路线及停机位置；
───── 起重机安装屋架及屋面板的开行路线及停机位置

图 7-24　起重机开行路线及停机点位置

第六节　构件的平面布置

构件的平面布置，是一项十分重要的工作，构件布置得合理，可以方便吊装，加快进度，避免构件在现场的二次搬运，提高安装速度。

构件的平面布置和起重机的性能、安装方法、构件的制作方法等有关。在选定起重机型号，确定施工方案后，根据施工现场实际情况加以制定。

一、构件的平面布置原则

（1）每跨的构件宜布置在本跨内，如场地狭窄无法排放时，也可布置在跨外便于安装的地方预制。

（2）构件的布置应便于支模及浇筑混凝土，当为预应力混凝土构件时，要为抽管、穿钢筋留出必要的场地。构件之间留有一定的空隙，便于构件编号、检查、清除预埋件上的污物等。

（3）构件的布置，要满足安装工艺的要求，尽可能布置在起重机的工作半径内，减少起重机在吊装时"跑吊"的距离及起伏起重臂的次数。

（4）构件的布置应考虑起重机的开行与回转，力求占地最少，保证起重机、运输车辆的道路畅通。起重机回转时，机身不得与构件相碰。按"重近轻远"的原则，首先考虑重型构件的布置。

（5）构件的平面布置分预制阶段构件的平面布置和安装阶段构件的平面布置。布置时两种情况要综合加以考虑，做到相互协调，有利于吊装。构件的布置，还要注意安装时的朝向，特别是屋架，以免安装时在空中调头，影响安装进度，也不安全。

（6）所有构件均应在坚实的地基上浇筑，新填土要加以夯实，以防地基下沉，构件变形。构件的布置方式也与起重机的性能有关，一般来说，超重机的起重能力大，构件比较轻时，应先考虑便于预制构件的浇筑；起重机的起重能力小，构件比较重时，则应优先考虑便于吊装。

二、预制阶段的构件平面布置

1. 柱子的布置

柱子的布置方式与场地大小、安装方法有关，一般有三种：即斜向布置、纵向布置及横向布置。其中以斜向布置应用最多，因其占地较少，起吊也方便。纵向布置是柱身和车间的纵轴线平行，虽然占地面积少，制作方便，但起吊不便；只有当场地受限制时，才采用此种方式。横向布置占地最多，且妨碍交通，只在个别特殊情况下才采用。

（1）柱子的斜向布置

柱子如用旋转法起吊，场地空旷，可按三点共弧斜向布置，如图 7-25 所示。

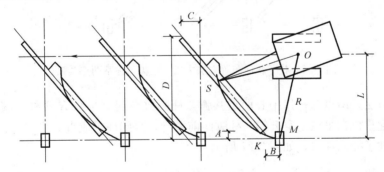

图 7-25　柱子斜向布置方法之一

柱子的布置方式与场地大小、安装方法有关，确定预制位置，可采用作图法，一般有三种，作图的步骤是：

1）确定起重机开行路线到柱基中线的距离，这段距离 L 与起重机吊装柱子时的回转半径 R、起重机的最小回转半径 $R_{\min}$ 有关，要求：

$$R_{\min} < L \leqslant R$$

同时，开行路线不要通过回填土地段，不要过分靠近构件，防止起重机回转时碰撞构件。

2）确定起重机的停机点。安装柱子时，起重机一般位于所吊柱子的横轴线稍后的范围内比较合适，这样，司机可看到柱子的吊装情况，便于安装就位。停机点确定的方法是，以要安装的基础杯口中心为圆心，所选的回转半径 R 为半径，画弧交开行路线于 O 点，O 点即为安装那根柱子的停机点。

3）确定柱子的预制位置。以停机点 O 为圆心，OM 为半径画弧，在弧上靠近柱基定一点 K，K 点为柱脚中心。选择 K 点时，最好不要放在回填土上。如不能避免，要采取一定的技术措施。K 点选定后，以 K 为圆心，柱脚到吊点的长度为半径画弧，与 OM 半径所画的弧相交于 S，连 KS 线，得出柱中心线，即可画出柱子的模板位置图，量出柱顶、柱脚中心点到柱列纵横轴线的距离，A、B、C、D 作为支模时的参考，如图 7-25 所示。

布置柱子时，要注意柱子牛腿的朝向，避免安装时在空中调头。当柱子布置在跨内时，牛腿应面向起重机，布置在跨外时，牛腿应背向起重机。

布置柱子时，有时由于场地限制或柱身过长，无法做到三点（杯口、柱脚、吊点）共弧，可根据不同情况，布置成两点共弧。两点共弧的布置方法有两种：

一种是杯口中心与柱脚中心两点共弧，吊点放在起重半径 R 之外，如图 7-26 所示。吊装时，先用较大的起重半径 R' 吊起柱子，并起升臂杆，当起重半径变成 R 后，停止升臂，随之用旋转法安装柱子。

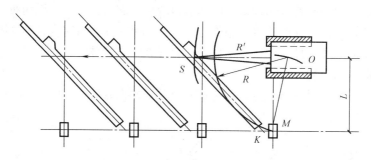

图 7-26　柱子斜向布置方法之二（柱脚与柱基两点共弧）

另一种方法是吊点与杯口中心两点共弧，柱脚放在起重半径 R 之外，安装时可采用滑行法，即起重机在吊点上空升钩，柱脚向前滑行，直到柱子成直立状态。起重杆稍加回转，即可将柱子插入杯口，如图 7-27 所示。

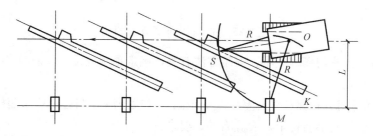

图 7-27　柱子斜向布置方法之三（吊点与柱基两点共弧）

（2）柱子的纵向布置

对于一些较轻的柱子，起重机能力有富余，考虑到节约场地，方便构件制作，可顺柱列纵向布置，如图 7-28 所示。

柱子纵向布置时，绑扎点与杯口中心两点共弧，起重机的停机点应安排在两柱基的中点，使 $OM_1 = OM_2$，这样每一停机点可吊两根柱子。一般柱子长度大于 12m，柱子纵向布置可排成两行，如图 7-28（a）所示。

为了节约模板，减少用地，也可采取两柱叠浇。预制时，先安装的柱子放在上层，两柱之间要做好隔离措施。上层柱子由于不能绑扎，预制时要埋设吊环。柱子预制位置的确定方法同上，但上层柱子有时需先行就位。一般柱子长度小于 12m，柱子纵向布置可叠浇排成一行，如图 7-28（b）所示。

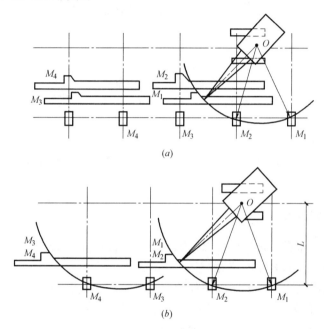

图 7-28　柱子纵向布置

2. 屋架的布置

屋架一般安排在跨内叠层预制，每叠 3～4 榀平卧，布置的方式有正面斜向布置、正反斜面布置、顺轴线正反向布置等，如图 7-29 所示。

确定预制位置时，要优先考虑正面斜向布置，因其便于屋架的扶直就位。只有当场地限制时，才考虑采用其他两种方式。

屋架正面斜向布置时，下弦与厂房纵轴线的夹角 α 为 10°～ 20°。预应力混凝土屋架，预留孔洞采用钢管时，屋架两端应留出 $(l/2+3)$m 一段距离（l 为屋架跨度）作为抽管、穿筋的操作场地，如在一端抽管时，应留出 $(l+3)$m 的距离。如用胶皮管预留孔洞时，距离可适当缩短。

屋架之间要留出 1m 左右的空隙，以便支模及浇筑混凝土。布置屋架预制位置时，要考虑屋架的扶直就位要求和扶直的先后次序，平卧重叠生产须将先扶直的屋架放在上层。注意屋架两端的朝向，避免屋架吊装时在空中调头，预埋铁件的位置也要安放正确。

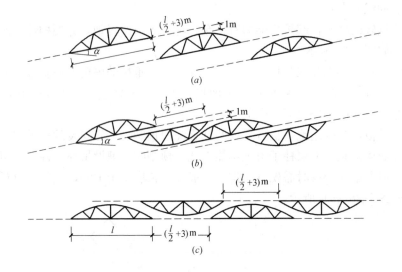

图 7-29　屋架预制的布置

（a）正面斜向布置；（b）正反斜向布置；（c）顺轴线正反向布置

3. 吊车梁的布置

吊车梁安排在现场预制时，可靠近柱基顺纵向轴线或略作倾斜布置，也可插在柱子的空档中预制。

三、安装阶段的就位布置

安装阶段的就位布置，是指柱子已安装完毕，其他构件的就位布置。包括屋架的扶直就位，吊车梁、屋面板的运输就位等。

屋架可靠柱边斜向就位或成组纵向就位。

1. 屋架的斜向就位

确定就位位置的方法，可按以下步骤作图：

1）确定起重机安装屋架时的开行路线及停机点。安装屋架时，起重机一般沿跨中开行，先在跨中画出平行于纵轴的开行路线，再以欲安装的某轴线（如②轴线）的屋架中心点 M_2 为圆心，以选择好的 R 为半径画弧，交开行路线于 O_2 点，O_2 点即为安装②轴线屋架时的停机点，如图 7-30 所示。

2）确定屋架的就位范围。屋架一般靠柱边就位，但应离开柱边不小于 20cm，并可利用柱子作为屋架的临时支撑。当受场地限制时，屋架的端头也可稍许伸出跨外。根据以上原则，确定就位范围的外边界线 PP。起重机安装屋架及屋面板时，机身需要回转，设起重机尾部至机身回转中心的距离为 A，则在距开行路线为 $(A+0.5)$m 范围内，不宜布置屋架和其他较高的构件，以此为界，画出就位范围的内边界线 QQ。两条边界线 PP、QQ 之间，即为屋架的就位范围。当厂房跨度较大时，这一范围的宽度过大，可根据实际情况加以缩小。

3）确定屋架的就位位置。确定好就位范围后，在图上画出 PP、QQ 两边界线的中线 HH，屋架就位后，屋架的中点均在 HH 线上。以②轴线屋架为例，就位位置可按

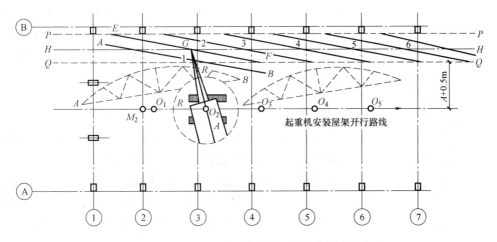

图 7-30　屋架斜向排放（虚线表示屋架预制时的位置）

下法确定；以停机点 O_2 为圆心，安装屋架时的 R 为半径，画弧交 PP、QQ 两线于 E、F 两点，连 EF 即为②号屋架的就位位置。其他屋架的就位位置，均平行于此屋架，端头相距 6m；但①轴屋架由于抗风柱的阻挡，要退到②轴屋架的附近就位，如图 7-30 所示。

2. 屋架纵向就位

屋架纵向就位时，一般以 4～5 榀为一组靠柱边顺轴线纵向就位。屋架与柱之间、屋架与屋架之间的净距不小于 20cm，相互之间用钢丝绳及支撑拉紧撑牢。每组屋架之间应留 3m 左右的间距作为横向通道。应避免在已安装好的屋架下面去绑扎、吊装屋架。屋架起吊后，注意不要与已安装的屋架相碰，因此，布置屋架时，每组屋架的就位中心线，可大约安排在该组屋架倒数第二榀安装轴线之后 2m 处，如图 7-31 所示。

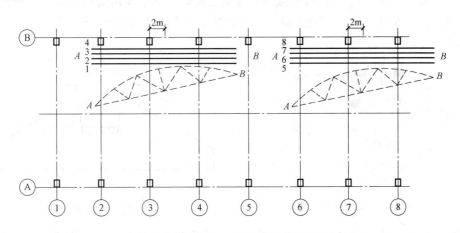

图 7-31　屋架的纵向就位（虚线表示屋架预制时的位置）

第七节　柱子的安装

单层工业厂房预制柱的类型很多，重量和长度不一，根据柱子的截面形式和重量，采

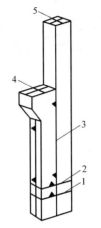

图 7-32 柱子弹线示意图
1—基础顶面线；2—地坪标高线；
3—柱子中心线；4—吊车梁对
位线；5—柱顶中心线

取不同的安装方法。单层工业厂房的结构安装构件有柱子、吊车梁、基础梁、连系梁、屋架、天窗架、屋面板及支撑等。柱子安装的施工过程，包括绑扎、吊升、就位、临时固定、校正、最后固定等工序。

一、弹线

柱子应在柱身的三个面弹出安装中心线、基础顶面线、地坪标高线。矩形截面柱安装中心线按几何中心线；工字形截面柱除在矩形部分弹出中心线外，为便于观测和避免视差，还应在翼缘部位弹一条与中心线平行的线。此外，在柱顶和牛腿顶面还要弹出屋架及吊车梁的安装中心线，如图7-32所示。

基础杯口顶面弹线要根据厂房的定位轴线测出，并应与柱的安装中心线相对应，以作为柱安装、对位和校正时的依据，如图 7-33 所示。

二、杯底抄平

为保证柱子安装之后牛腿顶面的标高符合设计要求，杯底抄平是对杯底标高进行的一次检查和调整。调整方法是：首先，测出杯底的实际标高 h_1，量出柱底至牛腿顶面的实际长度 h_2；然后，根据牛腿顶面的设计标高 h 与杯底实际标高 h_1 之差，可得柱底至牛腿顶面应有的长度 h_3（$h_3 = h - h_1$）；其次，将其（h_3）与量得的实际长度（h_2）相比，得到施工偏差，即杯底标高应有的调整值 Δh（$\Delta h = h_3 - h_2 = h - h_1 - h_2$），并在杯口内标出；最后，施工时用 1：2 水泥砂浆或细石混凝土将杯底抹平至所需标高处。为使杯底标高调整值（Δh）为正值，柱基施工时，杯底标高控制值一般均要低于设计值50mm，如图7-34 所示。

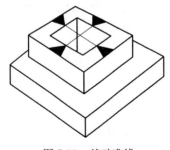

图 7-33　基础准线

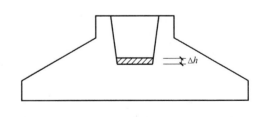

图 7-34　杯底标高调整

杯底抹平后，应将杯口盖上加以保护，以防杂物落入。回填土时，靠近基础的土面最好低于杯口标高，以免泥土及地面水流入杯口。

三、柱的吊点确定

吊点的确定是吊装工作的关键工作，可根据本章第一节方法选择。若吊点位置选择不好，就要造成构件裂缝，不仅经济受到损失而且会酿成安全事故。

四、柱的绑扎、起吊与固定

1. 柱的绑扎

柱身绑扎点和绑扎位置要保证柱身在吊装过程中不发生变形和断裂。一般中小型柱绑扎一点；重型柱或配筋少而细长的柱绑扎两点甚至两点以上，以减少柱的吊装弯矩。必要时，需经吊装应力和裂缝控制计算后确定。一点绑扎时，绑扎位置一般由设计确定。

绑扎柱子用的吊具，有铁扁担、吊索、卡环等。为使在高空中脱钩方便，尽量采用活络式卡环。为避免起吊时吊索磨损构件表面，要在吊索与构件之间垫以麻袋或木板。

柱子在现场预制时，一般用砖模或土模平卧（大面向上）生产。在制模、浇混凝土前，就要确定绑扎方法，在绑扎点预埋吊环、预留孔洞或底模悬空，以便绑扎时能穿钢丝绳。

柱子的绑扎点数目和位置，视柱子的外形、长度、配筋和起重机性能确定：中小型柱子（重13t以下）可以绑扎一点；重型柱子或配筋少而细长的柱子（如抗风柱），为防止起吊过程中柱身断裂，需两点绑扎。一点绑扎时，绑扎位置常选在牛腿下；工字形截面和双肢柱绑扎点应选在实心处（工字形柱的矩形截面处和双肢柱的平腹杆处），否则，应在绑扎位置用方木垫平。常用的绑扎方法有：按柱吊起后柱身是否能保持垂直状态，分为斜吊法和直吊法。

（1）斜吊绑扎法

当柱子的宽面抗弯能力满足吊装要求时，此法无需将预制柱翻身，可采用斜吊绑扎法。这种方法的优点是：直接把柱子在平卧的状态下，从底模上吊起，不需翻身，也不用铁扁担；其次，柱身起吊后呈倾斜状态，吊索在柱子宽面的一侧，它对起重杆长要求较小，起重钩可低于柱顶，当柱身较长，起重杆长度不足时，可用此法绑扎。但因起吊后柱身与杯底不垂直，就位时对正底线比较困难，如图7-35所示。

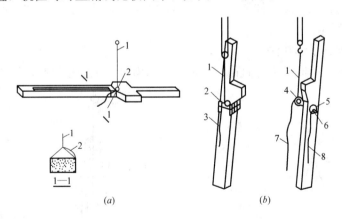

图 7-35　一点绑扎斜吊法

（a）采用活络卡环；（b）采用柱销

1—吊索；2—活络卡环；3—卡环插销绳；4—柱销；5—垫圈；6—插销；7—柱销拉绳；8—插销拉绳

采用斜吊绑扎法时，为简化施工操作，降低劳动强度，可用专用吊具"柱销"。这种吊具的用法是：在柱上吊点处预留孔洞，洞内埋设薄壁钢管，管壁厚2～4mm。绑扎时，将柱销插入预留孔中，反面用一个垫圈、一个插销将柱销拴紧，即可起吊。脱销时，将吊钩放松，在地面先将插销拉脱，再利用拉绳或吊杆旋转将柱销拉出，如图7-36所示。

（2）直吊绑扎法

柱子的宽面抗弯强度不足时，吊装前必须将预制柱翻身后窄面向上，以增大刚度，再经绑扎进行起吊，这时，就要采取直吊绑扎法。这种绑扎法是用吊索绑牢柱身，从柱子宽面两侧分别扎住卡环，再与铁扁担相连，起吊后，铁扁担跨于柱顶上，柱身呈直立状态，便于垂直插入杯口。此法因吊索需跨过柱顶，也就是铁扁担必须高过柱顶。因此，需要较大的起重高度、较长的起重臂杆，如图7-37所示。

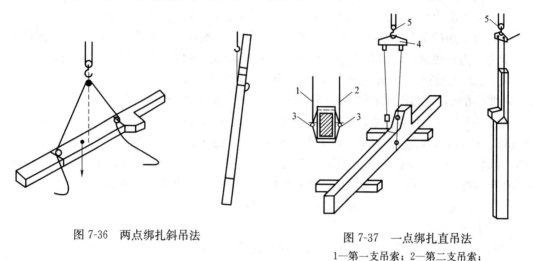

图7-36　两点绑扎斜吊法

图7-37　一点绑扎直吊法
1—第一支吊索；2—第二支吊索；
3—活络卡环；4—铁扁担；5—滑车

（3）两点绑扎法

柱身较长，一点绑扎抗弯能力不足时，可用两点绑扎起吊。在确定绑扎点位置时，应使两根吊索的合力作用线高于柱子重心，这样，柱子在起吊过程中，柱身可自行转为直立状态，如图7-38所示。

（4）三面牛腿柱子绑扎法

当柱子有三面牛腿时，采用直吊法，用两根吊索分别从柱角吊起，如图7-39所示。

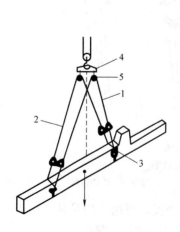

图7-38　两点绑扎直吊法
1—第一支吊索；2—第二支吊索；
3—活络卡环；4—铁扁担；5—滑车

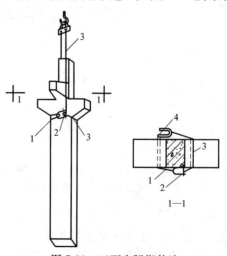

图7-39　三面牛腿绑扎法
1—短吊索；2—活络卡环；
3—长吊索；4—普通卡环

2. 柱的起吊

柱的起吊方法，按柱在起吊过程中柱身运动的特点分为旋转法和滑行法；按采用起重机的数量，有单机起吊和双机起吊之分。单机起吊的工艺如下：

（1）旋转法

采用旋转法吊装柱子时，柱的平面布置宜使柱脚靠近基础，柱的绑扎点、柱脚中心与基础中心三点宜位于起重机的同一起重半径的圆弧上，起重机边起钩、边旋转，使柱身绕柱脚旋转而逐渐吊起的方法，要点是保持柱脚位置不动，并使柱的吊点、柱脚中心和杯口中心三点共圆。

柱子的吊升方法，根据柱子的重量、长度、起重机的性能和现场条件而定。重型柱子有时需用两台起重机抬吊。

采用单机吊装时，一般有两种吊升方法：

1）第一种方法是三点共圆弧：起重机边起钩、边回转起重臂，使柱子绕柱脚旋转而吊起，插入杯口。为在吊升过程中保持一定的回转半径（起重臂不起伏），在预制或堆放柱子时，应使柱子的绑扎点、柱脚中心和杯口中心三点共圆，该圆的圆心为起重机的回转中心，半径为圆心到绑扎点的距离。柱子排放时，应尽量使柱脚靠近基础，以提高安装速度。

2）第二种方法是两点共圆弧：由于条件限制，不能布置成三点共圆时，也可采取绑扎点或柱脚与杯口中心两点共圆弧，这种布置法在吊升过程中，都要改变回转半径，起重臂要起伏，工效较低，且不够安全。

用旋转法吊升柱子，在吊装过程中柱子所受的振动较小，生产率较高，但构件布置要求高，占地较大，要求能同时进行起升与回转两个动作。对起重机的机动性要求高，一般常采用自行式起重机。

工序过程：扶直柱子→柱子立直→旋转柱子→柱子立直固定→起重机移位（图7-40）。

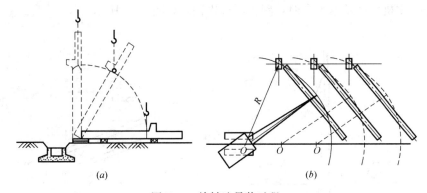

图 7-40　旋转法吊装过程
（a）旋转过程；（b）平面布置

（2）滑行法

柱子起吊时，起重杆不转动，起重机只升吊钩，使柱顶随起重钩的上升而上升，柱脚沿地面滑行逐渐直立，直至柱子直立后，吊离地面，然后插入杯口。采用此法吊升时，柱子的绑扎点应布置在杯口旁，并与杯口中心位于起重机的同一工作半径的圆弧上，以便将柱子吊离地面后，稍转动吊杆，即可就位，构件布置方便、占地小，如图 7-41（a）所示。为减少滑行时柱脚与地面的摩阻力，需在柱脚下设置托木、滚筒并铺设滑行道，如图 7-41（b）所示。采用滑行法吊升柱子，与旋转法相比，缺点较多，主要是滑行过程中柱身受振动，耗费一定的滑行用料。滑行法一般用于柱子较重、较长，起重机在安全荷载下的回转半径不够时，现场狭窄，柱子无法按旋转法排放时，对起重机性能要求较低，通常在起重机及场地受限时才采用此法，这种方法也可用桅杆式起重机吊装。

工序过程：柱子翻身→柱子扶直→旋转柱子→柱子就位→固定柱子→起重机移位。

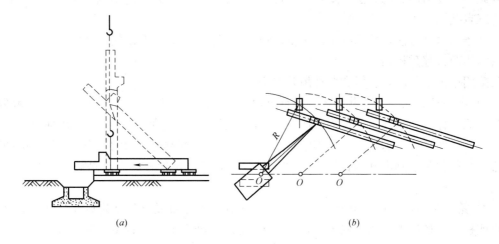

图 7-41　滑行法吊装柱子过程

（a）旋转过程；（b）平面布置

（3）双机抬吊

单机作业起重量不够时，可采用双机，用两台吊车配合同时起钩来完成安装任务的方法。采用双机抬吊滑行法时，用滑行道防振动，如图 7-42 所示。采用旋转法时，有主机、副机之分，主机把柱基本垂直时，副机即可松钩，如图 7-43 所示。

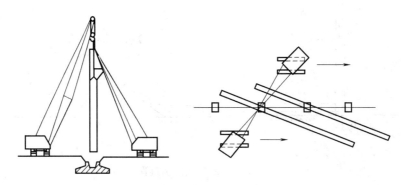

图 7-42　双机抬吊滑行法

3. 就位和临时固定

柱子对位是将柱子插入杯口并对准安装准线的一道工序。临时固定是用楔子等将已对位的柱子作临时性固定的一道工序。混凝土柱脚插入杯口后，先使其悬空，距离底 30～50mm 进行就位，用八只楔子从柱的四边插入杯口，并用撬棍撬动柱脚，使柱子的安装中

144

心线对准杯口的安装中心线，并使柱身基本保持垂直，然后将柱四周八只楔子打紧以临时固定，即可落钩，将柱脚放到杯底，并复查对线。随后，由两人面对面打紧四周楔子，并用坚硬石块将柱脚卡住，特别注意在柱子宽面范围卡紧，以防发生柱子倾倒事故。柱身与杯口之间空隙太大时，应增加楔块厚度，不得将几个楔块叠合使用（图7-44）。

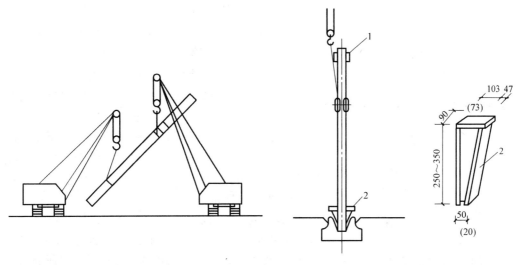

图 7-43 双机抬吊旋转法

图 7-44 柱的对位与临时固定
1—安装缆风绳；2—钢楔

吊装重型柱子时，起重机的起重臂仰角很大，有时达到 80°以上，一般机后还增加配重，起重机卸钩后，前轻后重，容易发生机身倾倒事故。因此，起重机吊重柱时，应先落起重杆，再落吊钩，以保持机身的稳定。吊装高大重型柱子和细长柱时，除采用以上措施进行临时固定外，还应设置缆风绳拉锚。

4. 柱的校正

柱子校正是对已临时固定的柱子进行全面检查（平面位置、标高、垂直度等）及校正的一道工序。柱子是厂房建筑的重要构件，安装质量的好坏，影响与其他构件（吊车梁、柱间支撑、屋架等）的连接及整个厂房质量，因此，必须重视和认真做好柱子的校正工作。混凝土柱标高则在柱吊装前调整基础杯底的标高予以控制，在施工验收规范允许的范围以内进行校正。

柱子的校正，有平面位置的校正和垂直度的校正两种。前者在临时固定时已对准安装中心线，校正时如发现走动，可用敲打楔块的方法（一侧放松，一侧打紧，另外两侧必须卡牢）进行校正；为便于校正时使柱脚移动，插柱前可在杯底放入少量粗砂。柱子垂直度校正的方法是：先用两架经纬仪从柱子相邻两面观测柱子中心线是否垂直（图7-45）。

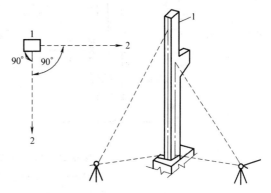

图 7-45 校正柱子时经纬仪的设置
1—柱子；2—经纬仪

145

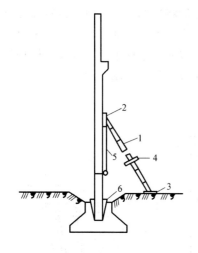

图 7-46　撑杆校正法

1—钢管撑杆校正器；2—头部
摩擦板；3—底板；4—转动
手柄；5—钢丝绳；6—楔子

测出的实际偏差大于规定数值时，应进行校正。校正方法很多，如敲打楔块法：柱脚绕柱底转动（10t 以下的柱）；敲打钢钎法：柱脚绕楔转动（25t 以下的柱）；撑杆校正法：用钢管校正器（10t 以下的柱）；千斤顶斜顶法、千斤顶平顶法（30t 以内的柱）等。

工地上采用较多的是撑杆校正法，校正器用钢管做成，两端装有螺杆，其螺纹方向相反，转动钢管时，撑杆可伸长或缩短。撑杆下端铰接在一块底板上，底板与地面接触的一面有折线凸出的钢板条，以增加与地面的摩阻力，其上还开有孔洞，可打下钢钎加以固定，撑杆的上端铰接一块头部摩擦板，与柱身接触的一面设有齿槽，以防滑动，摩擦板上带有一铁环，可用一根钢丝绳和一只卡环将头部摩擦板固定在柱身的一定位置上，装置情况如图 7-46 所示。

使用撑杆校正器时，按观测的结果，将校正器分别放在柱子倾斜的两边（柱子一般斜向倾斜），转动钢管，将柱子顶正。先校正偏差大的一边，再校正偏差小的一边，如此反复进行，直到柱身完全垂直为止。校正过程中，要不断打紧和放松楔块，以配合校正器工作；但不得将楔块取出，以防发生事故。

撑杆校正器适用于 10t 以内较细长的柱子，柱子较重时，最好用螺旋千斤顶校正（图 7-47）。

此外，由于阳光照射对柱子产生的温差影响在校正时也要考虑，柱身受阳光照射后，阳面温度比阴面高，致使阳面柱身伸长，柱顶产生水平位移，其数值与温差、柱长及柱厚有关，一般为 3～10mm，特别细长的柱子可达 40mm 左右。一般情况下，长度小于 10m 的柱子，校正时可不考虑温差影响；细长的柱子，最好在早晨或阴天进行校正。

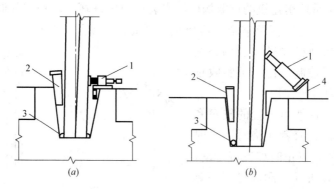

图 7-47　柱的对位与临时固定

（a）螺旋千斤顶平顶法；（b）千斤顶斜顶法

1—千斤顶；2—楔子；3—石块；4—千斤顶支座

5. 柱子最后固定

校正完成后应及时固定。钢筋混凝土柱校正完毕即在柱脚与杯口的空隙内浇筑细石混凝土作最后固定。为防止柱子校正后刮风或楔块走动产生新偏差，灌缝工作应在校正后立即进行。灌缝前，应将杯口空隙内的木屑等垃圾清除干净，用水湿润柱身和杯壁，浇捣混凝土时，不得碰动楔块；如柱脚与杯底有较大空隙时，应先灌一层砂浆坐实。所用细石混凝土其强度等级应比原构件的混凝土强度等级提高一级。细石混凝土浇筑分两次进行，捣固密实，使柱的底脚完全嵌固在基础内。第一次先浇至楔块下端；当所浇混凝土强度达到25％设计强度时，即可拔去楔块，浇筑第二次混凝土，将杯口灌满混凝土。浇灌过程中，还应对柱子的垂直度进行观测，发现偏差要及时纠正（图 7-48）。

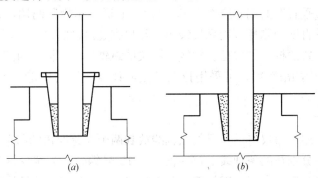

图 7-48 柱子最后固定
（a）第一次浇筑细石混凝土；（b）第二次浇筑细石混凝土

第八节 吊车梁的安装

吊车梁的安装必须在柱子杯口二次浇筑混凝土的强度达到设计强度 75％ 以后进行。其安装程序为：绑扎、起吊、就位、临时固定、校正和最后固定。

一、吊车梁绑扎、吊装

为便于安装，吊车梁用两点绑扎，两根吊索等长，绑扎点对称设置，吊钩对准梁的重心，以便起吊后梁身基本保持水平。梁的两端设拉绳（溜绳）控制，避免悬空时碰撞柱子。就位时应缓慢落钩，便于对线；在纵轴方向不宜用撬棍撬动吊车梁，圆柱子在纵轴方向刚度较差，过分撬动，会使柱身弯曲，产生偏差。吊车梁就位时，仅用垫铁垫平即可，一般不需采取临时固定措施，但当梁高与梁宽之比大于 4 时，要用钢丝绳将梁捆在柱上，以防倾倒（图 7-49）。

二、校正、最后固定

吊车梁的校正工作，要在车间或一个伸缩缝区段内全部结构安装完毕，并经最后固定后进行。因为在安装屋架、支撑等其他构件时，可能引起柱子

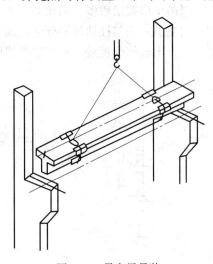

图 7-49 吊车梁吊装

变位，影响吊车梁的准确位置。比较重的吊车梁，脱钩就位后撬动比较困难，可在吊装吊车梁时借助于起重机，也可采取边吊边校正的方法。吊车梁直线度的检查校正方法有通线法、平移轴线法、边吊边校法等。

吊车梁校正的内容，包括标高校正、垂直度校正和平面位置校正等。主要是垂直度与平面位置校正。平面位置的校正主要包括直线度和两吊车梁之间的跨距。吊车梁的标高，主要取决于柱子牛腿的标高。在柱子吊装前已进行过一次调整（用砂浆调整杯底标高），如仍有微小的偏差，可在铺轨前抹一层砂浆解决。吊车梁的垂直度和平面位置的校正，应同时进行。吊车梁垂直度的偏差应在 5mm 以内。T 形吊车梁测两端，鱼腹式吊车梁可在跨中两侧检查，垂直度的测量可用靠尺线锤。经检查超过规定时，用钢片垫平。

吊车梁平面位置的校正，包括纵轴线（各梁的纵轴线位于同一直线上）和跨距两项。

6m 长、5t 以内的吊车梁，可采用拉钢丝法或仪器放线法校正；12m 长的重吊车梁，常采用边吊边校正的方法。

1. 拉钢丝法

根据施工图，用经纬仪将吊车梁的纵轴线放到两个端跨四角的吊车梁顶面上，并用钢尺校核跨距，然后分别在两条轴线上拉一根 16～18 号钢丝，为减少钢丝与梁顶面的摩阻力，钢丝中段每隔一定距离用圆钢垫起；两端垫高 20cm 左右，并悬挂重物拉紧，如图 7-50 所示，凡纵轴线与钢丝不合的吊车梁，均应拨正。

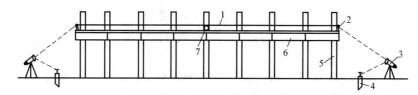

图 7-50　通线法校正吊车梁示意图

1—钢丝通线；2—支架；3—经纬仪；4—木桩；5—柱子；6—吊车梁；7—圆钢

2. 仪器放线法

当吊车梁数量较多，钢丝太长不易拉紧时，可采用仪器放线法。这种方法是用经纬仪在柱内侧引一条与柱轴线平行的视线，该视线与上柱侧面校正基准线的距离为 a；在一根木尺上弹出经纬仪视线、校正基准线两条线；放线时，将木尺依次紧贴柱侧，观测人员指

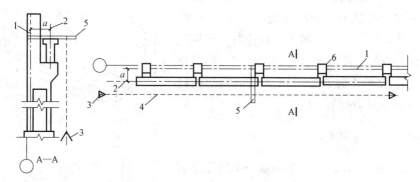

图 7-51　仪器放线法校正吊车梁的平面位置

1—校正基准线；2—吊车梁中线；3—经纬仪；4—经纬仪视线；5—直尺；6—柱子

挥另一人移动木尺，当尺上的标记与视线重合时，即可在柱侧按尺上的标记弹出校正基准线。如此逐柱进行，在每一根柱的上柱侧面均弹出校正基准线。校正吊车梁时，依次在柱侧量距，凡吊车梁纵轴线至校正基准线的距离不等时，即用撬棍拨正。仪器放线法，如图7-51所示。

3. 边吊边校法

较重的吊车梁，脱钩后校正比较困难，一般采取边吊边校法。此法与仪器放线法相似。先在厂房跨度一端距吊车梁纵轴线约 40～60cm（能通视即可）的地面上架设经纬仪，使经纬仪的视线与吊车梁的纵轴线平行；在一根木尺上弹两条短线 A、B，两线的间距等于视线与吊车梁纵轴的距离。吊装时，将木尺的 A 线与吊车梁

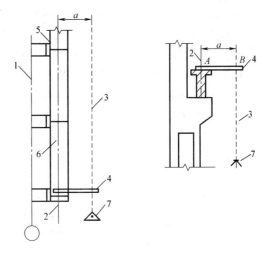

图 7-52　重型吊车梁的校法
1—柱轴线；2—吊车梁中线；3—经纬仪
视线；4—直尺；5—已校正的吊车梁；
6—正校正的吊车梁；7—经纬仪

中线重合，用经纬仪观测木尺上的 B 线，同时，指挥拨动吊车梁，使尺上的 B 线与望远镜内的纵丝重合为止，如图7-52所示。

吊车梁的最后固定，是在校正完毕后，将梁与柱上的预埋铁件焊牢，用连接钢板等与柱侧面、吊车梁顶端的预埋铁件相焊接，并在接头处支模，浇筑细石混凝土。

第九节　屋架的安装

工业厂房的钢筋混凝土屋架，一般在现场平卧叠浇。对平卧叠浇预制的屋架，吊装前先要翻身扶直，然后起吊移至预定地点堆放。扶直时的绑扎点一般设在屋架上弦的节点位置上，最好是起吊就位时的吊点。安装的施工顺序是：绑扎、翻身、就位、吊升、对位、临时固定、校正和最后固定。

其他形式的桁架结构在吊装中都应考虑绑扎点及吊索与水平面的夹角，以防桁架弦杆在受力平面外的破坏。必要时，还应在桁架两侧用型钢、圆木做好临时加固。

一、屋架绑扎

屋架的绑扎点与绑扎方式与屋架的形式和跨度有关，其绑扎的位置及吊点的数目一般由设计确定。如吊点与设计不符，应进行吊装验算。屋架绑扎时吊索与水平面的夹角不宜小于45°，以免屋架上弦杆承受过大的压力使构件受损。

屋架的绑扎点应选在上弦节点处或其附近，左右对称于屋架的重心。使屋架起吊后基本保持水平，不晃动、不倾翻。吊点的数目及位置，与屋架的形式和跨度有关，一般由设计确定。如施工图上未标明或改变吊点数和位置时，事先应对安装应力进行核算，以免构件开裂。

屋架的绑扎方法，有以下几种。

（1）三角形组合屋架，保尺寸，同平面，不裂无弯，连接好。由于整体性和侧向刚度较差，且下弦为圆钢或角钢，用绑扎木杆等加固。大于 18m 跨度的钢筋混凝土屋架，也要采取一定的加固措施，以增加屋架的侧向刚度。拼装形式有：大件立拼，如屋架梁、屋架、托架梁。小件平拼，如天窗架拼装。

（2）钢屋架的侧向刚度很差，在翻身扶直与安装时，均应绑扎几道木杆，作为临时加固措施，如图 7-53 所示。

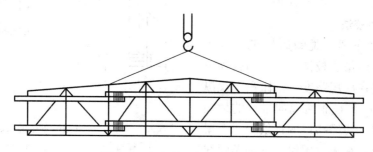

图 7-53　屋架临时加固绑扎示意图

（3）屋架绑扎时，吊索与水平面的夹角不宜小于 45°，以免屋架上弦杆承受过大的横向压力。通常跨度小于 18m 的屋架可采用两点绑扎法，大于 18m 的屋架可采用三点或四点绑扎法，如屋架跨度很大或因加大 α 角使吊索过长，起重机的起重高度不够时或屋架跨度超过 30m 时，可采用横吊梁，以减小吊索高度。图 7-54 为屋架绑扎方式示意图。

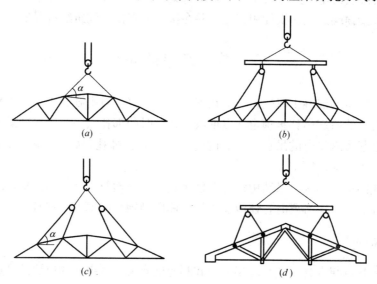

图 7-54　屋架的绑扎

（a）屋架跨度小于或等于 18m 时；（b）屋架跨度大于 18m 时；
（c）屋架跨度等于或大于 30m 时；（d）三角形组合屋架

（4）吊装时，与使用时的受力状态不同，需作吊装内力验算并临时加固。其加固方法，一般是按杆件受力情况，用木杆绑在构件上。

（5）大型拱形屋架三点绑扎方式，中部用手拉葫芦拉住，为了避免构件侧翻，采用如

图 7-55 所示的绑扎方法。

二、屋架的扶直就位

由于屋架在现场平卧预制，一般靠柱边斜放，或以 3～5 榀为一组平行于柱边排放，排放范围在布置构件平面图时应加以确定，在安装前，先要翻身扶直，并将其吊运至预定地点就位。屋架是一个平面受力构件，扶直时，在自重作用下，屋架承

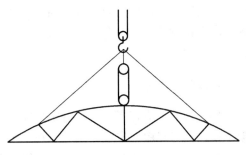

图 7-55　大型拱形屋架三点绑扎方式示意图

受平面外力，部分地改变了杆件的受力性质，特别是上弦杆极易挠曲开裂，因此，事先必须进行安装应力的核算，如截面强度不够，要采取加固措施。

屋架扶直时应采取必要的保护措施，必要时要进行验算。扶直屋架由于起重机与屋架的相对位置不同，有两种方法：

1. 正向扶直

起重机位于屋架下弦一边，扶直时，吊钩对准上弦中点，收紧起重吊钩，再略微抬起吊臂，以破坏两榀屋架间的粘结力，使上下榀屋架分开，随之升钩、起臂，使屋架以下弦为轴缓慢转为直立状态。在扶直过程中，为防止屋架突然下滑，在屋架两端应架起枕木垛，其高度与被扶直屋架的底面齐平，同时，在屋架两端绑扎绳索，从相反方向拉紧，防止屋架移动。正向扶直示意图如图 7-56（a）所示。

2. 反向扶直

起重机位于屋架上弦一边，吊钩对准上弦中点，收紧吊钩，随之升钩、降臂，使屋架绕下弦转动而直立，如图 7-56（b）所示。

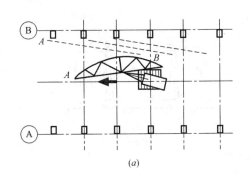
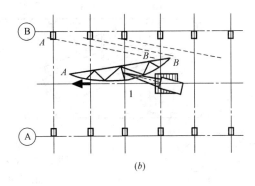

(a)　　　　　　　　　　　(b)

图 7-56　屋架的扶直
（a）正向扶直；（b）反向扶直

两种扶直方法的不同点，即在扶直过程中一升臂、一降臂，以保持吊钩始终在上弦中点的垂直上方。升臂比降臂易于操作，也较安全，应尽可能采用正向扶直。屋架扶直时，为使各根吊索受力均匀，要用滑车把吊索串通。

屋架扶直后，立即进行就位。一般靠柱边斜向排放，或以 3～5 榀为一组平行于柱边纵向排放。就位的位置与起重机的性能和安装方法有关，应少占场地，便于吊装，且应考虑屋架的安装顺序、两头朝向等问题。一般靠柱边斜放，就位范围在布置预制构件平面图

时应加以确定。就位位置与屋架预制位置在起重机开行路线同一侧时，为同侧就位；就位位置与屋架预制位置分别在开行路线各一侧时，为异侧就位。采用哪种就位方法，应视现场具体情况而定。

三、屋架的吊装

屋架起吊前，应在屋架上弦自中央向两边分别弹出天窗架、屋面板的安装位置线和在屋架下弦两端弹出屋架中线。同时，在柱顶上弹出屋架安装中线，屋架安装中线应按厂房的纵横轴线投上去。其具体做法，既可以每个柱都用经纬仪投测，也可以用经纬仪只将一跨四角柱的纵横轴线投好，然后拉钢丝弹纵横线，用钢尺量间距弹横轴线。如横轴线与柱顶截面中线偏差过大，则应逐间调整。

在屋架吊升至柱顶后，使屋架的两端两个方向的轴线与柱顶轴线重合，屋架临时固定后起重机才能脱钩。屋架起吊有单机吊装和双机抬吊两种方法。

1. 单机吊装

先将屋架吊离地面 50cm 左右，使屋架中心对准安装位置中心，然后徐徐升钩，将屋架吊至柱顶以上，再用溜绳旋转屋架使其对准柱顶，以便落钩就位；落钩时，应缓慢进行，并在屋架刚接触柱顶时即制动进行对线工作，对好线后，即做临时固定，并同时进行垂直度校正和最后固定工作。

2. 双机抬吊

双机抬吊时，屋架立于跨中，一台起重机停在前面，另一台起重机停在后面，共同起吊屋架。当两机同时起钩将屋架吊离地面约 1.5m 时，后机将屋架端头从吊杆一侧转向另一侧（调档，前机配合），然后两机同时升钩将屋架吊到高空。最后，前机旋转吊杆，后机则高空吊重行驶，递送屋架于安装位置，如图 7-57 所示。

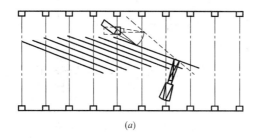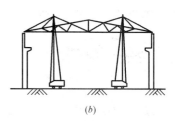

(a) (b)

图 7-57 双机抬吊安装屋架
(a) 平面；(b) 剖面

3. 双机抬吊屋架时应注意的问题

（1）可使用不同类型的起重机，但必须对两机进行统一指挥，使两者互相配合，动作协调。在整个吊装过程中，两台起重机的吊钩滑车组，都应基本保持垂直状态。

（2）起吊时，必须指挥两机升钩将各自钩挂的吊索都拉紧后，方可拆除稳定屋架的支撑。

（3）后机行驶道路必须平整坚实，必要时，横排道木或垫路基箱，以保安全。

（4）双机抬吊屋架时，如果两机不是同时将屋架吊离地面或落钩向柱顶就位，则两机的实际荷载与理想的荷载分配就有很大的出入。

四、屋架就位与临时固定

屋架构件一般高度大、宽度小，受力平面外刚度很小，就位后易倾倒。因此，屋架就位关键是使其端头两个方向的轴线与柱顶轴线重合后，应及时进行临时固定。

屋架吊起后，应基本保持水平。将屋架吊离地面约 300mm，吊索与水平夹角＜60°，将屋架转至安装位置下方，再将屋架吊升至柱顶上方约 300mm 后吊至柱顶以上，用两端拉绳旋转屋架，使其基本对准安装轴线，随之缓慢落钩，在屋架刚接触柱顶时，即制动进行对位，使屋架的端头轴线与柱顶轴线重合；对好线后，缓缓放至柱顶就位。即可做临时固定，屋架固定稳妥，起重机才能脱钩。

第一榀屋架的临时固定必须十分可靠，因为它是单片结构，无处依托，侧向稳定性很差；同时，它还是第二榀屋架的支撑，所以必须做好临时固定。做法一般采用四根缆风绳系于上弦，从两边把屋架拉牢或与抗风柱连接。

第二榀以后屋架的临时固定，是用工具式支撑（校正器）与前一榀屋架连接，撑牢在前一榀屋架上（图 7-58）。以后各榀屋架的临时固定，也都是用工具式支撑撑在前一榀屋架上。工具式支撑由 $\phi50$ 的钢管做成，两端各有两只撑脚，撑脚上有可调节的螺栓。使用时，旋紧撑脚上的螺栓，即可将屋架可靠地固定。撑脚上的一对螺栓，既可夹紧屋架上弦杆，也能使屋架移动，因此，它也是校正机具。每榀屋架至少用两个支撑。当屋架经校正、最后固定并安装了若干大型屋面板后，方可将支撑取下。工具式支撑的构造如图 7-59所示。

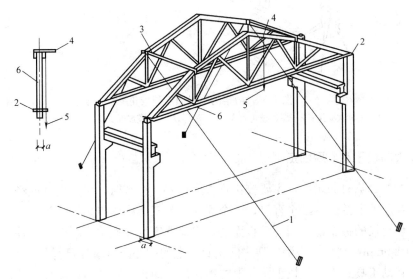

图 7-58　屋架的临时固定

1—缆风绳；2,4—挂线木尺；3—屋架校正器；5—线锤；6—屋架

（1）当屋架的间距为 9m 或 12m 时，由于钢管支撑的重量大，操作不便，可用缆风绳或轻质支撑来临时固定屋架。

（2）用经纬仪校正屋架，如图 7-60 所示。

（3）用线坠校正屋架，如图 7-60 所示。

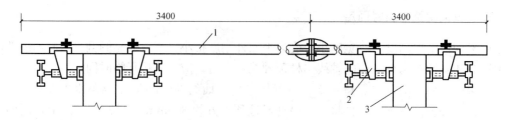

图 7-59　工具式支撑的构造

1—钢管；2—撑脚；3—屋架上弦

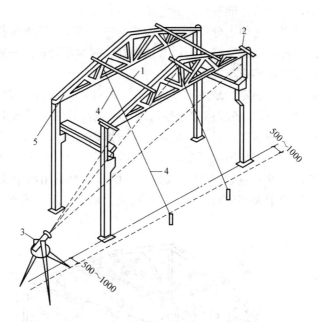

图 7-60　屋架的临时固定与校正

1—工具式支撑；2—屋架校正直尺；3—经纬仪；4—缆风绳；5—前一榀屋架

五、屋架的校正及最后固定

屋架经对位、临时固定后，主要校正垂直度偏差。检查时，可用垂球或经纬仪。用经纬仪检查，在屋架上弦安装三个直尺，一个安装在屋架上弦中点附近，另两个安装在屋架两端。使三点直尺的标志记在同一垂直面内，将仪器安置在被检查屋架的跨外，距柱的横轴线 500～1000mm，然后，观测屋架中间垂直杆上的中心线（事先已弹好），如偏差超出规定数值，转动工具式支撑（校正器）上的螺栓加以纠正，并在屋架端部支撑面垫入斜垫铁。校正无误后，立即用电焊焊牢，应两侧同时施焊，避免受热向先焊的一侧倾斜。

六、天窗架的吊装

天窗架常采用单独吊装，也可与屋架拼装成整体同时吊装。天窗架单独吊装时，应待两侧屋面板安装后进行，最后固定的方法是用电焊将天窗架底脚焊牢于屋架上弦的预埋件上。

第十节　屋面板的安装

屋面板一般埋有吊环，用带钩的吊索勾住吊环即可安装。1.5m×6m 的屋面板有四个吊环，起吊时，应使四根吊索拉力相等，屋面板保持水平。为充分利用起重机的起重能力，提高功效，也可采用一钩多块叠吊法安装，如图 7-61 所示。

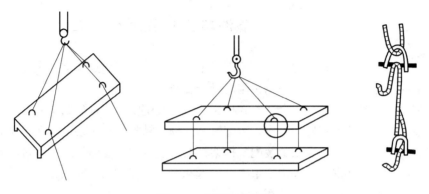

图 7-61　屋面板的吊挂

屋面板的安装次序，应自两边檐口左右对称地逐块向屋脊铺设，避免屋架承受半边荷载。屋面板对位后，立即进行电焊固定，每块屋面板可焊三点，最后一块只能焊两点。

第八章 多层及高层结构安装

第一节 装配式钢筋混凝土框架结构安装概述

装配式钢筋混凝土框架结构已经广泛用于多层、高层民用建筑和多层工业厂房中。这种结构的全部构件，在工厂或者现场预制后进行安装。

多层装配式框架结构可分为全装配式框架结构和装配整体式框架结构。全装配式框架是指柱、梁、板均由装配式构件组成，装配整体式框架结构又称半装配框架体系，其主要特点是柱子现浇，梁、板等预制。装配式框架柱的长度可按一层一节，亦可按二层、三层或四层一节，柱子长度主要取决于起重机械的起重能力。条件允许时尽量加大柱子长度，以减少柱子接头数量，提高安装效率。

装配式框架结构的形式，主要分为梁板结构和无梁结构两种。梁板式结构由柱、主梁、次梁、楼板组成。主梁大多沿横向框架方向布置，而次梁沿纵向布置。有的采用梁柱整体构件。柱与柱的接头设在弯矩较小的地方，或者梁柱节点处。

无梁式结构由柱、柱帽、柱间板和跨间板组成。跨间板搁在柱间板上，柱间板搁在柱帽的凹缘上，柱帽支承在有四面牛腿的柱子上，无梁式结构近年来做成升板结构进行升板施工。按其主要传力方向的特点可分为横向承重框架结构和纵向承重框架结构两种。装配整体式框架的施工有以下三种方法：

（1）先现浇每层柱，拆模后再安装预制梁、板，逐层施工。

（2）先支柱模和安装预制梁，浇筑柱子混凝土及梁柱节点处的混凝土，然后安装预制楼板。

（3）先支柱模，安装预制梁和预制板后浇筑柱子混凝土及梁柱节点和梁板节点的混凝土。

第二节 多层装配式结构安装方案

装配式框架结构施工主导工程是结构安装工程。施工前要根据建筑物的结构形式，构件的安装高度、构件的重量、吊装工程量、工期、机械设备条件及现场环境等因素，制定合理方案。

一、起重机械的选择

多层装配式框架结构吊装机械常采用塔式起重机、履带式起重机、汽车式起重机、轮胎式起重机等。装配式框架结构吊装时，起重机械的选择要根据建筑物的结构形式、平面尺寸、构件最大安装高度、结构类型、构件大小、构件重量、吊装工程量、现场条件和现有机械设备等条件确定。

五层以下的房屋结构及高度在 18m 以下的工业厂房，可选用履带式起重机或轮胎式起重机，通常跨内开行。一般多层工业厂房和 10 层以下民用建筑多采用轨道式塔式起重机；高层建筑（10 层以上）可采用爬升式塔式起重机或者附着式塔式起重机。

选择起重机，主要是看起重机的工作参数。起重机的工作参数有：起重量 $Q(t)$、起重半径 $R(m)$ 和起重高度 $H(m)$。根据这些参数，使得选用的起重机的性能必须满足构件吊装的要求。

起重机的起重能力也有用起重力矩 M 来表示的，$M=QR$（kN·m）。选择起重机的型号时，首先计算出最高一层的各主要构件的重量 Q，以及需要达到的起重半径 R，然后根据所需要的最大起重力矩 M 和最大起重高度 H 来选择起重机的类型。

二、起重机的平面布置

起重机的平面布置方案主要根据房屋形状及平面尺寸、现场环境条件、选用的塔式起重机性能及构件重量等因素来确定。一般情况下，起重机布置在建筑物外侧，有单侧布置及双侧（或环形）布置两种方案（图 8-1）。

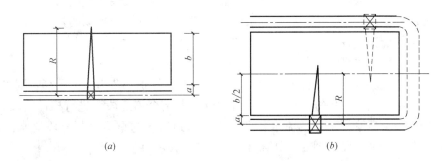

图 8-1　塔式起重机在建筑物外侧布置
(a) 单侧布置；(b) 双侧（或环形）布置

1. 单侧布置

房屋宽度较小，构件也较轻时，塔式起重机可单侧布置（图 8-1a）。此时，起重半径应满足：

$$R \geqslant b+a$$

式中　R——塔式起重机起吊最远构件时的起重半径（m）；

　　　b——房屋宽度（m）；

　　　a——房屋外侧至塔式起重机轨道中心线的距离，一般约为 3m。

2. 双侧布置（或环形布置）

房屋宽度较大或构件较重时，单侧布置起重力矩不能满足最远的构件的吊装要求，起重机可双侧布置。双侧布置时起重半径应满足：

$$R \geqslant b/2+a$$

其布置方式有跨内单行布置及跨内环形布置两种（图 8-2）。

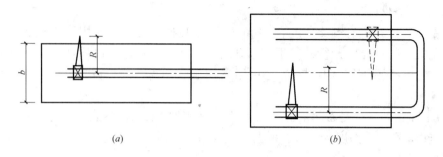

图 8-2　塔式起重机在跨内布置

（a）跨内单行布置；（b）跨内环形布置

三、多层结构吊装方法

多层装配式框架结构的安装同单层装配式混凝土结构工业厂房安装方法相同，可分为分件吊装法和综合吊装法两种。

1. 分件吊装法

起重机每开行一次吊装一种构件，如先吊装柱，再吊装梁，最后吊装板。分件吊装法根据流水方式，又分为分层分段流水安装作业法及分层流水安装作业法两种。

选择分层分段流水安装法，还是分层流水安装法要根据工地现场的具体情况来定，如施工现场场地的情况、各安装构件的装备情况等。

（1）分层分段流水吊装法

一般是一个楼层（或一个柱节）为一个施工层，如柱子一节为两个层高，则以两个楼层为一个施工层，然后再将每一个施工层再划分为若干个施工段，进行构件起吊、校正、定位、焊接、接头灌浆等工序的流水作业。采用轨道塔式起重机分层分段流水吊装法吊装，一般可分四个施工段，图 8-3 中给出了一个施工段构件安装顺序。

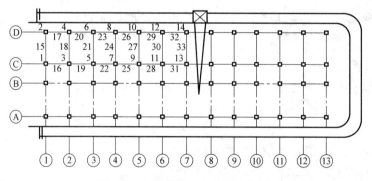

图 8-3　分层分段流水吊装示意图

（2）分层流水吊装法

分层流水安装和分层分段流水安装法不同之处在于，分层流水安装法的每个施工层不再划分施工段，而是按照一个楼层组织各工序的流水作业。

2. 综合吊装法

采用综合吊装法吊装构件时，一般以一个节间或几个节间为一个施工段，以房屋的全高为一个施工层来组织各工序的施工，起重机把一个施工段的所有构件按设计要求安装至房屋的全高后，再转入下一施工段施工。常用于自行式起重机在跨内开行。

以一个节间或若干个节间为一个施工段，以房屋的全高为一个施工层来组织各工序的流水，起重机把一个施工段的构件吊装至房屋的全高，然后转移到下一个施工段。采用此法吊装时，起重机布置在跨内，采取边吊边退的行车路线。一般是采用履带式起重机跨内开行，以综合吊装法吊装两层框架结构，图8-4中给出了一个节间构件安装顺序。

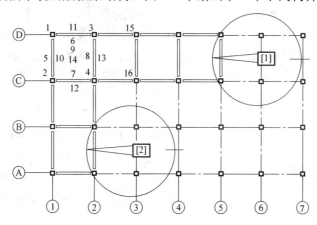

图 8-4 综合吊装法吊装两层框架结构图

四、构件的平面布置与排放

多层装配式框架结构的柱子较重，一般在施工现场预制。相对于塔式起重机的轨道，柱子预制阶段的平面布置有平行布置、垂直布置、斜向布置等几种方式。其布置原则与单层工业厂房构件的布置原则基本相同。

（1）预制构件应尽量布置在起重机的回转半径之内，避免二次搬运。

（2）重型构件应尽量布置在起重机附近，中小型构件可布置在外侧。

（3）构件布置地点及朝向应与构件吊装到建筑物上的位置相配合，以便在吊装时减少起重机的变幅及构件在空中调头。

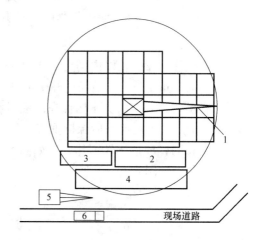

图 8-5 高层框架结构的构件平面布置图
1—爬升式起重机；2—墙板堆放；3—楼板堆放；
4—梁、柱堆放；5—履带式起重机；6—载重汽车

使用爬升式塔式起重机跨内吊装高层框架结构的构件平面布置如图8-5所示。

第三节 多层构件吊装工艺

多层装配式框架结构的结构形式有梁板式结构和无梁楼盖结构两类。

梁板式结构是由柱、主梁、次梁、楼板组成。主梁（框架梁）沿房屋横向布置，与柱

形成框架；次梁（纵梁）沿房屋纵向布置，在施工时起纵向稳定作用。

一、多层框架柱吊装

1. 柱脚外伸钢筋保护

多层装配式框架结构柱一般为方形或矩形截面。柱的吊装可分为绑扎、吊升、就位、柱的临时固定、校正、最后固定、柱接头施工等几个程序。

柱子起吊过程中一定要保护好柱子底部的外伸钢筋。绑扎起吊前，为防止钢筋碰弯，给后面安装接头钢筋的对正带来麻烦，常用的外伸钢筋的保护方法有：用钢管保护柱脚外伸钢筋，或用垫木保护外伸钢筋等方法以达到保护外伸钢筋的目的。用钢管保护柱脚外伸钢筋如图 8-6（a）所示，用垫木保护柱脚外伸钢筋如图 8-6（b）所示。

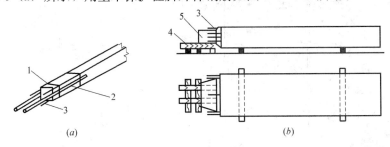

图 8-6　柱脚外伸钢筋保护方法
1—短吊索；2—钢管；3—外伸钢筋；4—垫木；5—柱子榫头

2. 绑扎

普通单根柱、12m 长以内的柱子多采用一点绑扎；12～20m 长的柱子，则需要采用两点绑扎；对于重量较大和更长的柱子可采用三点或者多点绑扎。采用多点绑扎要注意，一定要进行吊装验算，以防止构件在吊装过程中受力不均而产生裂缝，甚至断裂。"十"字形柱绑扎时，要使柱起吊后保持垂直，如图 8-7（a）所示。T 形柱的绑扎方法与"十"字形柱基本相同。H 形构件绑扎方法如图 8-7（b）所示。H 形构件也可用铁扁担和钢销进行绑扎起吊，如图 8-7（c）所示。

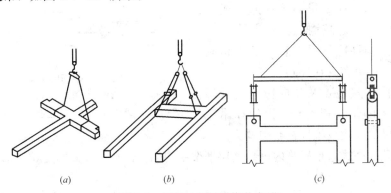

图 8-7　框架柱起吊时绑扎方法

3. 起吊

采用一点绑扎 12m 长以内的柱子，一般采用旋转法起吊；两点、三点或者多点绑扎的柱子，起吊的时候一定要注意柱子所摆放的朝向。柱的起吊方法与单层工业厂房柱吊装相同，一般采用旋转法。

4. 支撑

框架底层柱与基础杯口的连接方法和单层工业厂房相同。柱子吊装后，可以用管式支撑作为临时的固定。

临时固定后需要对柱子进行校正。一般校正需要 2～3 次。首次校正在脱钩后电焊前进行，保证柱子摆放在已经放样定位的位置上。第二、第三次校正，主要纠正电焊钢筋受热收缩不均而引起的偏差，确保梁和楼板能够没有偏差地吊装。

柱子的垂直度校正，首先要保证下节柱子垂直度校正准确，以避免误差积累。一般可以用经纬仪观测进行垂直度校正。

5. 柱的临时固定及校正

（1）上节柱吊装在下节柱的柱头上时，视柱的重量不同，采用不同的临时固定和校正方法。

1）框架结构的内柱，四面均用方木临时固定和校正，如图 8-8（a）所示。

2）框架边柱两面用方木，另一面用方木加钢管支撑作为临时固定和校正，如图 8-8（b）所示。

3）框架的角柱两面均用方木加钢管支撑临时固定和校正，如图 8-8（c）所示。

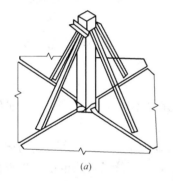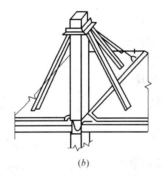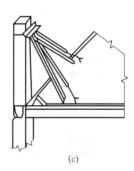

（a）　　　　　　　　（b）　　　　　　　　（c）

图 8-8　柱临时固定及校正

（2）柱的临时固定与校正，也可用管式支撑进行（图 8-9）。

6. 柱接头钢筋剖口焊

上柱和下柱的外露钢筋的受力筋用剖口焊焊接。

（1）施焊前的准备工作，应符合下列要求：

1）钢筋坡口面应平顺，坡口边缘不得有裂纹、钝边和缺棱。

2）钢筋坡口平焊时，V 形坡口角度宜为 55°～65°，如图 8-10（a）所示；坡口立焊时，坡口角度宜为 40°～55°，其中下钢筋为 0°～10°，上钢筋为 35°～45°，如图 8-10（b）所示。

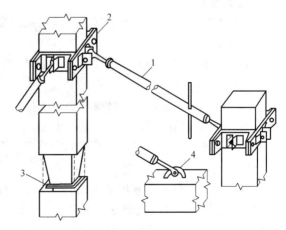

图 8-9　管式支撑临时固定柱简图
1—管式支撑；2—夹箍；3—预埋
钢板及电焊；4—预埋件

161

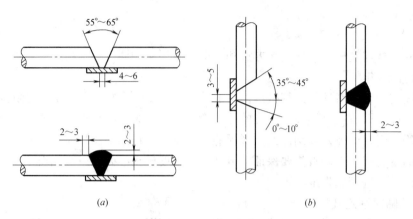

图 8-10　钢筋坡口接头

3）钢垫板的长度宜为 40～60mm，厚度宜为 4～6mm；坡口平焊时，垫板宽度应为钢筋直径加 10mm，立焊时，垫板宽度宜等于钢筋直径。

4）钢筋根部间隙，坡口平焊时宜为 4～6mm；立焊时，宜为 3～5mm；其最大间隙均不宜超过 10mm。

（2）剖口焊工艺，应符合下列要求：

1）焊缝根部、坡口端面以及钢筋与钢板之间均应熔合。焊接过程中应经常清渣。钢筋与钢垫板之间，应加焊 2～3 层侧面焊缝。

2）宜采用几个接头轮流进行施焊。

3）焊缝的宽度应大于 V 形坡口的边缘 2～3mm，焊缝余高不得大于 3mm，并宜平缓过渡至钢筋表面。

4）当发现接头中有弧坑、气孔及咬边等缺陷时，应立即补焊。HRB400 级钢筋接头冷却后补焊时，应采用氧乙炔火焰预热，再按设计增加箍筋，最后浇筑接头混凝土以形成整体。待接头混凝土达到了 70% 的设计强度后，再吊装上层构件。

7. 柱的接头形式

柱子接头形式有榫式接头、插入式接头和浆锚接头三种。

（1）榫式接头。

将上节柱的下端混凝土做成榫头状，承受施工荷载（图 8-11a）。

（2）插入式接头

插入式接头是将上柱底部做成榫头，下柱顶部做成杯口，上柱插入杯口，外露的受力钢筋用剖口焊焊接后，配置一定数量的箍筋，最后用水泥砂浆或细石混凝土灌注填实以形成整体，见图 8-11（b）。接头处灌浆的方法有压力灌浆和自重挤浆两种工艺。

（3）浆锚式接头

浆锚式接头是将上柱伸出的钢筋插入下柱的预留孔中，然后浇筑混凝土，见图 8-11（c）。用水泥配制 1:1 水泥砂浆，或用 52.5MPa 水泥配制不低于 M30 的水泥砂浆灌缝锚固，使上下柱形成一个整体。浆锚接头有后灌浆或压浆两种工艺。

二、框架结构梁板吊装

框架结构的梁，有一次预制成的普通梁和叠合梁两种。叠合梁的上部留有 120～

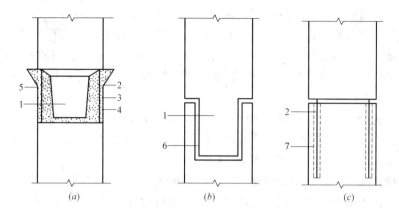

图 8-11　柱接头形式

（a）榫式接头；（b）插入式接头；（c）浆锚式接头

1—榫头；2—上柱外伸钢筋；3—剖口焊；4—下柱外伸钢筋；5—后浇接头混凝土；6—下柱杯口；7—下柱预留孔

150mm 的现浇叠合层，能增强结构的整体性。

梁与柱的接头形式取决于结构受力情况，有简支和刚接。简支接头不承受弯矩，用贴焊的角钢或钢板与梁柱上的预埋件焊接起来即可，梁柱接头间的缝隙填以细石混凝土。刚性接头有剖口焊接头、齿槽式接头等。前者是将梁端部上、下外伸钢筋与柱子的预埋钢筋用剖口焊加以焊接。后者在梁、柱预制时，连接面上留有齿槽，浇筑混凝土后形成齿榫，以承受梁端剪力，弯矩则由接头钢筋承受。

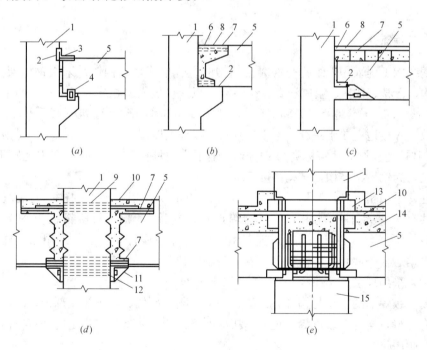

图 8-12　柱与梁接头形式

（a）、（b）明牛腿式梁柱接头；（c）暗牛腿式梁柱接头；（d）柱与梁齿槽式接头；（e）整体式梁柱接头

1—柱；2—预埋钢板；3—贴焊角钢；4—贴焊钢板；5—梁；6—柱的预埋钢筋；7—梁的外伸钢筋；

8—剖口焊；9—预留孔；10—负筋；11—临时牛腿；12—固定螺栓；13—钢支座；14—叠合层；15—下柱

多层框架结构的楼板有预应力密肋楼板、预应力槽形板、预应力空心板等，形式选择取决于跨度和楼面荷载。楼板一般都是直接搁置在梁上，接缝灌以细石混凝土。

构件的接头主要是梁柱之间的接头，梁柱接头的做法很多，常用的有明牛腿刚性接头、齿槽式梁柱接头、浇筑整体式梁柱接头、钢筋混凝土暗牛腿梁柱接头、型钢暗牛腿梁柱接头等，如图 8-12 所示。

（1）明牛腿刚性接头。在梁安装时，首先将梁端预埋钢板和柱子牛腿上埋件焊接，然后将起重机脱钩，最后进行梁与柱子的钢筋焊接。明牛腿刚性接头安装方便，节点刚度大，受力可靠，但明牛腿占去了一部分空间。

（2）齿槽式接头。是利用梁柱接头处设的齿槽来传递梁端剪力，以代替牛腿。梁柱接头处设置角钢作为临时牛腿，用来支撑梁。起重机脱钩时，须将梁一端的上部接头钢筋焊接好，因为角钢支承面积小，安全性小。

（3）浇筑整体式梁柱接头。制作的过程为，柱子以每一层为一节，将梁搁置在柱子上，梁底钢筋按锚固长度的要求上弯或者焊接，配上箍筋后，浇筑混凝土到楼面板。待强度达到了设计的要求时，可以安装和制作上节柱子，依此类推。

第四节　高层钢结构的安装

高层钢结构工程主要特点是钢结构吊装量大、焊接作业量大、高空作业量大三大特点，对操作工人的素质要求较高。本文以某工程的高层钢结构工程为例，对高层钢结构的安装方法进行介绍。

一、工程简介

某钢结构工程采用钢结构与混凝土结构的组合形式，结构体系采用钢框架-核心筒剪力墙结构。A 楼、B 楼、空中连廊在±0.00m 以上设抗震缝，分为三个独立的单体。总建筑面积 81616.08m^2（地下 18635.61m^2，地上 62980.47m^2），建筑基底面积 5145.17m^2。建筑层数：A 楼地上二十一层，地下二层；B 楼地上四层，地下二层。A 楼屋顶建筑标高 80.6m，B 楼屋顶梁面建筑标高为 24.6m，地下室地坪标高－8.6m。空中连廊地上四层，地下一层，为钢桁架结构，结构高度 20.4m。

钢柱，采用箱形和钢管形钢柱，400mm×400mm 及以上截面的柱内灌混凝土。地下室部分共有 88 根钢柱。其中，A 楼为箱形柱，共计 53 根，每段钢柱重约 7.5t、长约 10m。B 楼为箱形柱，共计 25 根，连廊 10 根。地下室及停车场部分采用箱形柱，其上部钢柱将根据运输条件和结构需要分为若干节制作和安装。

钢梁，采用焊接 H 型钢，总计有 5811 根钢梁。

现场一级焊缝的部位与构件有：梁、柱节点刚接部位、柱子拼接部位；除一级焊缝以外的所有焊缝，均为二级焊缝。现场焊接应严格按照工艺条件中规定的焊接方法、工艺参数、施焊顺序进行。

结构构件的连接形式：钢柱与钢柱对接，采用刚性连接；钢柱与钢梁连接，采用栓、焊刚性连接；主框梁与次梁连接，基本上均采用高强度螺栓连接；钢梁与混凝土体预埋铁件连接，采用高强螺栓连接形式。连接构件的接触面的抗滑移系数不小于 0.45，并须按规范规定抽验和复验。扭剪型高强度螺栓 10.9 级。

二、安装准备

1. 起重设备的确定

在安装高层钢结构时，土建单位应用的塔吊要同钢结构安装单位共同确定。塔吊的安装位置及吊臂覆盖范围，考虑起重量、塔吊回转半径距最远构件的距离、重量最大的钢柱的分段重量来确定。一般工程分为主楼及裙楼，如，某工程采用 TC7052 一台，TC7035 一台，两台塔吊分工：TC7052 主要承担 A 楼和连廊部位的安装任务。TC7052 塔吊载荷特性：70m 幅度起重量为 5.2t，50m 幅度之内起重量＞8t。TC7035 主要承担 B 楼部位的安装任务。TC7035 塔吊载荷特性：70m 幅度起重量为 3.5t，35m 幅度之内起重量＞7.9t。钢柱每段长 10m，重约 7.5t，在这个幅度范围内满足钢柱的起重要求。

2. 吊装前的准备工作

（1）进场构件必须具备的资料

1）原材质量证明书。

2）钢构件产品质量合格证。

3）焊接工艺评定报告。

4）焊缝外观检查及焊缝无损检测报告。

5）摩擦面抗滑移系数检测报告。

6）高强度螺栓力学性能试验报告等。

（2）构件进场和卸车

1）构件应根据现场安装进度，有计划、顺序地进入现场。不能发生构件在现场长时间堆放的现象。

2）卸车时，构件要放在适当的支架上或枕木上，注意不要使构件变形和扭曲。要求准备两副卸货用吊索、挂钩等辅助用具周转使用，以节省卸货时间。并且定期检查辅助用具，消除事故隐患。安装与卸车用具必须分别配置，禁止混用。

3）运送构件时，要轻拿轻放，不可拖拉，以避免将表面划伤。

4）构件放在地面时，不允许在构件上面走动。

5）卸货作业必须由工地有资质的人员负责。对构件在运输过程中发生的变形，应与有关人员协商，采取措施，在安装前加以修复。

6）卸货时，应设置维护栏，防止构件从车上落下，伤害他人。

（3）进场构件的验收要点

1）查构件出厂合格证、材料试验报告记录、焊缝无损检测报告记录、钢材质量证明等随车资料。

2）检查进场构件外观：主要内容有构件挠曲变形、总长度、连接位置、方向、规格、节点板表面破损与变形、焊缝外观质量、钢柱内是否清洁无异物等。若有问题，应立即通知加工厂，并会同有关部门决定处理方案。

3）检查高强度螺栓出厂的合格证和性能试验报告，送试件检验抗滑移系数。

（4）构件现场堆放管理

需在各塔吊两侧设置临时堆放场地，面积满足分批进场要求。

1）构件分批进场。钢柱沿安装就位位置放置或顺着塔吊大臂方向放置。柱脚底板（下口）靠近柱所对应的锚栓或对着塔吊方向放置。钢柱、钢梁下须加垫木，并且须注意预留穿吊索的空间。梁、板等较宽构件应垫成坡度，以避免积水，保持空气流通、排水通畅。

2）小件及零配件、螺栓、焊条等应集中保管于仓库，做到随用随领，如有剩余，应在下班前作退库处理。仓库保管员对小件及零配件应严格做好发放领用记录及退库记录。

（5）试验准备工作

进入现场的扭剪型高强度螺栓连接副，使用前进行复验紧固轴力平均值和变异系数。检验数量为每批抽取 8 套连接副进行复验，检验结果应符合设计要求。同时做高强螺栓摩擦面抗滑移系数试验，应满足不小于 0.45 的设计要求。2000t 为一个批次，每批三组试件。

（6）柱身弹线

钢柱吊装前，必须对钢柱的定位轴线、基础轴线和标高，地脚螺栓直径和伸出长度等进行全面的检查，并对钢柱的编号、外形尺寸、螺孔位置及直径、连接板的方位等进行全面复核。确认符合设计施工图要求后，在钢柱的上下两端画出安装中心线和柱下端 1m 标高线，以便于安装就位。

（7）钢柱安装的辅助准备工作

钢柱起吊前，将吊索具、操作平台、爬梯、溜绳以及防坠器等固定在钢柱上，便于工人操作和确保施工安全。利用钢柱上端连接耳板与吊板进行起吊，由塔吊起吊就位。

三、钢柱安装

1. 钢柱重量及塔吊起重量的确定

高层钢柱安装，土建安塔吊时要考虑钢结构安装的起重能力，根据构件最大重量，确定塔吊数量、塔吊起重能力及分布情况。如果局部塔吊头部吊装区域起重量小于钢柱重量时，可考虑分段制作和吊装，以确保吊装安全。如某工程⑧～⑩轴为两台塔吊的吊装交叉区，也是塔吊的头部吊装区域，吊装重量最大为 5t，而钢柱计划段重量大于 5t，此区域 14 根钢柱已超出塔吊起重量，对这些柱按计划段再进行分段制作，达到起重要求。

2. 首层钢柱的安装

（1）钢柱按场地安装顺序，使柱基本就位，焊接牛腿，完成一根柱的牛腿组装后即可吊装，绳索用卡环同钢柱的顶部吊耳连接，翻身直立，起升后旋转安装方位，进行递送达到安装部位，缓慢落钩（图 8-13）。

（2）钢柱就位。

钢柱就位时，首先利用基础上的轴线确定好钢柱的位置。此时可令塔吊将 30%～40%荷载落在下部结构上（图 8-14）。

（3）标高调整。

在复测柱顶标高前，在钢柱两侧挂上磁力线锤，初步确定柱体垂直度后，再测量标高。测标高时可利用柱底上 1m 处的标高十字线标记进行校核。

首层钢柱的标高主要依赖于基础埋件标高的准确。钢柱标高主要依赖于安装前要严格测量柱底，因该细部结构施工时钢柱底板与一次浇筑基础混凝土有 50～100mm 厚的后

图 8-13　首层柱吊装

图 8-14　钢柱就位

浇，所以基础搁置标高控制设在数颗锚栓上，调整固定锚栓下螺母的上标高，提前用钢板调整到要求高度，用地脚螺栓调整标高（图 8-15）。钢柱安装时以水准仪测试柱身 1m 处标高，使其与设计的柱底板标高一致后拧紧紧固螺母。无误后拴好缆风绳，即可指令吊车落钩。

（4）钢柱垂直度校正。

采用缆风绳校正法，用两台经纬仪从柱的纵横两个轴向同时观测钢柱的垂直度。

向外调整采取在柱底依靠千斤顶进行调整，向内调整采取在柱顶部依靠缆风绳上手拉葫芦调整柱顶部，无误后固定柱脚。在校正过程中，不断调整柱底板下螺母，直至校正完毕，将柱底板上面的两个螺母拧上，缆风绳放松一些达到不受力程度，使柱身呈自由状态，再用经纬仪复核，如有小偏差，调整下螺母，垂直度符合要求后，将上螺母拧紧，并牢固拴紧缆风绳（图 8-16）。

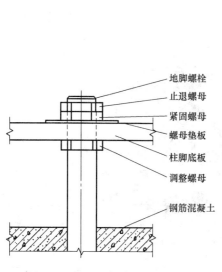

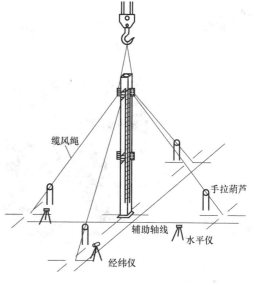

图 8-15　柱基础标高调整示意图　　　　　　图 8-16　缆风校正法示意图

（5）钢柱与基础连接安装示意，如图 8-17 所示。

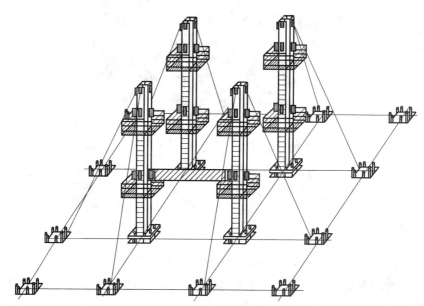

图 8-17　钢柱与基础连接安装示意图

（6）钢柱与上层柱的连接方式。

上节柱与下节柱对位后，用准备好的夹板进行固定，经调整满足要求后，进行各节间柱与钢梁安装，最后焊接固定后，卸掉夹板，割去各边夹板（图 8-18）。

四、钢梁安装

（1）起吊钢梁之前，要清除摩擦面上的浮锈和污物。

（2）在钢梁上装上安全绳，钢梁与钢柱连接后，将安全绳固定在钢柱上。

图 8-18　柱接柱的形式

（3）梁与柱连接用的安装螺栓，按所需规格和数量装入帆布袋内，挂在梁两端，与梁同时起吊。

（4）钢梁吊装可采用一吊多根的方法。每吊吊几根梁，根据实际情况确定。由于高层塔吊一升一降会用很多时间，所以采用一吊多根，能提高起重机械效率。吊装前，检查柱梁的几何尺寸、节点板位置与方向及安装前后顺序（图 8-19）。

图 8-19　钢梁的一钩多吊安装

五、钢柱与钢梁综合安装

1. 各节钢柱吊装施工顺序

本工程按设计钢柱分节顺序进行吊装，其施工顺序是：第一节钢柱（含钢梁）→第二节钢柱（含钢梁）→第三节钢柱（含钢梁）→第 n 节钢柱（含钢梁）。

上节柱的安装，须待下节柱内的混凝土强度达到 80％ 以上才能进行。

2. 各节间钢柱与钢梁的安装顺序

第一节间钢柱的安装顺序：第一根钢柱就位→第二根钢柱就位→第三根钢柱就位→第

四根钢柱就位→下层梁安装→上层梁安装。

第一节间安装完成后，依次安装第二节间、第三节间，如图 8-20 所示。前三个节间安装完毕形成稳固的空间刚度单元后，进行钢柱、钢梁整体复测，各相关尺寸无误后，进行最终连接（图 8-21）。

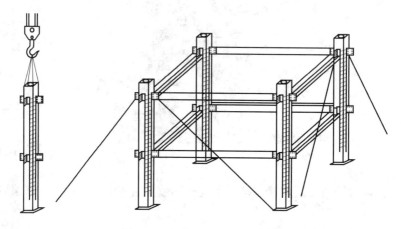

图 8-20　钢结构节间安装示意图

图 8-21　上层柱安装实例

六、高强度螺栓

1. 螺栓等级

刚架连接采用扭剪型高强度螺栓，其等级为 10.9 级。所有连接构件的接触面采用抛丸处理，摩擦面的抗滑系数 Q345 钢材不小于 0.45。

2. 高强度螺栓紧固轴力

紧固轴力的目标范围下限为设计螺栓张力，上限为标准螺栓张力加 10%。10.9 级扭剪型高强度螺栓连接副紧固轴力的平均值及标准偏差（变异系数）应符合表 8-1 所列数值的要求。

螺栓直径 d(mm)		16	20	(22)	24
每批紧固轴力的平均值	标准	109	170	211	245
	最大	120	186	231	270
	最小	99	154	191	222
紧固轴力标准偏差 $\delta\leqslant$		1.01	1.57	1.95	2.27

3. 施工扭矩值的确定

（1）扭剪型高强度螺栓的紧固分为初拧和终拧。大型节点分为初拧、复拧、终拧。初拧采用能控制扭矩的电动扳手进行紧固，初拧扭矩值见表 8-2。复拧扭矩值等于初拧扭矩值。施工终拧采用定值电动扭矩扳手，尾部梅花头拧掉即达到终拧扭矩值。

高强度螺栓扭矩值　　　　　　　　　　　　　　　表 8-2

螺栓直径 d(mm)	16	20	(22)	24	27
初拧扭矩(N・mm)	115	220	300	390	790
终拧扭矩(N・mm)	230	440	600	780	1120

$$T_c = KP_c d$$

式中　K——扭矩系数（0.11～0.15），取 0.13；

　　　P_c——预拉力标准值（kN）；

　　　d——螺栓公称直径（mm）。

（2）初拧采用的初拧扳手，应按不相同的规格调整初拧值。

（3）节点螺栓紧固顺序为：在同一平面内，从中间向两端依次紧固（图 8-22）。

4. 高强度螺栓施工顺序

（1）高强度螺栓的穿入方向，设计有要求的按设计要求方向穿入；设计无要求的，应以便于施工操作为准，框架周围的螺栓穿向结构内侧，框架内侧的螺栓，同一节点的高强度螺栓的穿入方向应当一致。

（2）各楼层的高强度螺栓竖直方向拧紧顺序为，先上层梁，后下层梁。待三个节间（①、②、③）全部终拧完成后，方可进行焊接，如图 8-23 所示。

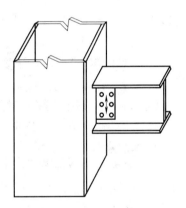

图 8-22　高强螺栓紧固方向

5. 高强度螺栓施工的主要影响因素

（1）钢构件摩擦面经表面处理后，产生浮锈。经验表明，浮锈产生 20d 后，摩擦系数将逐渐下降，不能满足设计要求。因此，安装前应用破布将浮锈擦拭干净。

（2）初拧值。每天班前必须对扭矩扳手的预设初拧值进行复验测定，以严防超拧。施工中，采用响声控制扳手操作，并在高强度螺栓上严格做好初拧标记，严防漏拧。

（3）摩擦面的处理。施工前摩擦面必须清理干净，保证摩擦面工作的摩擦系数。高强度螺栓连接摩擦面如在运输中变形或表面擦伤，安装前必须在矫正变形的同时，用同样的

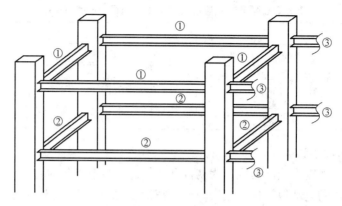

图 8-23 楼层螺栓拧紧顺序

处理方法重新处理摩擦面。

（4）螺栓孔的偏差。高强度螺栓的连接孔由于制作和安装造成的偏差，允许用电动铰刀修整，严禁气割或锥杆锤击扩孔。铰孔前应先将其四周的螺栓全拧紧，使板叠密贴紧后进行，防止铁屑落入缝中。扩孔后的孔径不应超过 $1.2d$，扩孔数量不应超过同节点孔总数的 1/5，如有超出需征得设计同意。

七、钢结构焊接

1. 焊前准备

（1）将电焊机安置在施焊区域，放置平稳。接通主电源，连接焊机及烘箱电源，做好接地并调试。焊接电缆线从焊机至焊钳的长度宜在 30～50m，如因施工需要加长时，应考虑焊接电流的衰减。

（2）焊条应按产品说明书要求进行烘烤，烘烤温度 300℃，恒温至 100℃ 保温。使用时，放在焊条保温筒内。

（3）准备焊接用脚手架、焊工个人工具及劳保安全用品。

（4）由技术人员对焊工进行技术及安全交底，并由被交底人在交底书上签字。

2. 焊前检查

（1）检查是否接到上一个工序的交接单。有工序交接单，方可进行下道工序施工。

（2）检查安装的高强度螺栓是否终拧。

（3）检查坡口、间隙、钝边是否符合设计要求。是否有严重的错边现象（错边≤2mm）。

（4）检查焊缝区域清理情况，是否按梁宽在柱上配有工艺垫板。

3. 焊接顺序

（1）构件接头的现场焊接，应符合下列要求：

1）安装流水区段内的主要构件的安装、校正、固定（包括预留焊接收缩量）已完成。

2）确定构件接头的焊接顺序，绘制构件焊接顺序图。

3）按规定顺序进行现场焊接。

（2）接头的焊接顺序，平面上应从中部对称地向四周扩展，如图 8-24 中①、②、③、④为钢梁的焊接顺序，先焊接钢梁的下翼缘，再焊接钢梁的上翼缘，钢梁两端不能同时施焊，宜由两名焊工在梁的两侧同时对称施焊。竖向可采取有利于工序协调、方便施工、保证焊接质量的顺序。

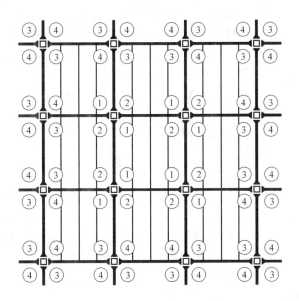

图 8-24 钢梁平面焊接顺序

（3）多层梁焊接应遵守先焊顶层梁、后焊底层梁，再焊次顶层梁、次底层梁；柱对接焊缝可先焊，亦可后焊，如图 8-25 中①、②、③、④为柱与钢梁的焊接顺序。

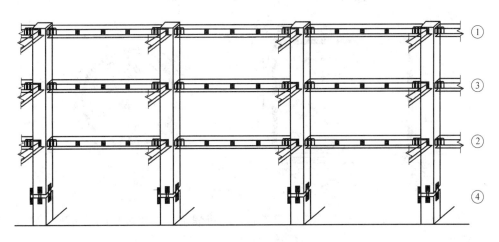

图 8-25 柱及梁焊接顺序

（4）梁和柱焊接应安排两名焊工在柱的两侧对称焊接，电焊工应严格按照分配的焊接顺序施焊，不得自行变更。

4. 焊接

（1）现场焊接接头形式：箱形柱单面 V 形坡口带垫板横焊全熔透横焊缝；柱与梁单面 V 形坡口带垫板平焊全熔透平焊缝；梁与梁单面 V 形坡口带垫板平焊全熔透焊缝。

（2）柱与梁连接角焊缝、对接平焊缝加设的引、收弧板，采用工艺垫板，每边加长60mm。引、收弧在垫板上进行，如图 8-26 所示。焊缝探伤合格后，气割切除引弧板。然后用角向磨光机将气割留下的 5～10mm 引弧板打磨平整。同时做好防火工作。

（3）焊接工艺参数具体操作时应按焊接作业指导书进行。

（4）梁和柱接头的焊缝，宜先焊梁的下翼缘板，再焊其上翼缘板。先焊梁的一端，待其焊缝冷却至常温后，再焊梁的另一端，不宜对一根梁的两端同时施焊。

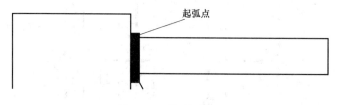

图 8-26　引弧板设置

（5）柱与柱接头焊接，应由两名焊工在相对称位置以相等速度同时施焊。

1）方形柱接头焊接。

柱两相对边的焊缝由两名焊工同时施焊，首次焊接的层数不宜超过 4 层。焊完第一个 4 层，清理焊缝表面后，两名焊工同时转 90°焊另两个相对边的焊缝。这时可焊完 8 层，再换至另两个相对边，如此循环直至焊满整个柱接头的焊缝为止。

2）圆形柱接头焊接。

按照对称焊接原则，将钢柱焊缝分为两等份，安排两名焊工按图 8-27 所示方向（反向也可以）同时施焊。首次焊接的层数不宜超过 4 层。焊完第一个 4 层，清理焊缝表面后，再焊第二个 4 层，如此循环直至焊满整个柱接头的焊缝为止。

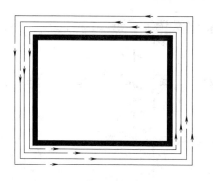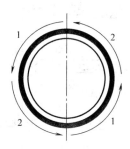

图 8-27　柱对接焊接顺序

（6）柱与柱、梁与柱接头焊接试验完毕后，应将焊接工艺全过程记录下来，测量出焊缝的收缩值。

（7）当风速大于 5m/s，应采取防风措施方能施焊。

（8）焊接工作完成后，焊工应在焊缝附近打上（或用记号笔写上）自己的代号钢印。焊工自检和质量检查员所作的焊缝外观检查以及超声波检查，均应有书面记录。

5. 焊接检验

（1）焊缝的外观检查：

1）焊缝质量的外观检查，应按设计文件规定的标准在焊缝冷却后进行。梁、柱构件以及厚板焊接件，应在完成焊接工作 24h 后，对焊缝及热影响区是否存在裂缝进行复查。

2）焊缝表面应均匀、平滑，无折皱、间断和未焊满，并与基本金属平缓连接，严禁有裂纹、夹渣、焊瘤、烧穿、弧坑、针状气孔和熔合性飞溅等缺陷。

3）所有焊缝均应进行外观检查，当发现有裂纹疑点时，可用磁粉探伤或着色渗透探伤进行复查。

4）对焊缝上出现的间断、凹坑、尺寸不足、弧坑、咬边等缺陷，应予补焊。补焊焊条直径不宜大于 4mm。

5）修补后的焊缝应用砂轮进行修磨，并按要求重新进行检查。

（2）焊缝的超声波探伤检查应按下列要求进行：

1）图纸和技术文件要求全熔透的焊缝，应进行超声波探伤检查。

2）超声波探伤检查，应在焊缝外观检查合格后进行。焊缝表面不规则及有关部位不清洁的程度，应不妨碍探伤的进行和缺陷的辨认。不满足上述要求时，事前应对需探伤的焊缝区域进行铲磨和修整。

3）全熔透焊缝的超声波探伤检查数量，应按现行国家标准的规定执行。当发现有超过标准的缺陷时，应全部进行超声波检查。

4）超声波探伤检查方法及检查等级应根据现行国家规范规定的标准进行。

5）超声波检查应做好详细记录，并写出检查报告。

6）经检查发现的焊缝不合格部位，必须进行返修，并应按同样的焊接工艺进行补焊，再用同样的方法进行质量检查。

7）当焊缝有裂纹、未焊透和超标准的夹渣、气孔时，必须将缺陷清除后重焊。清除，用碳弧气刨或气割进行。

8）焊缝出现裂纹时，应由焊接技术负责人主持进行原因分析，制定出措施后方可返修。当裂纹界限清楚时，应从裂纹两端加长 50mm 处开始，沿裂纹全长进行清除后再焊接。

9）低合金结构钢焊缝返修，在同一处返修次数不得超过两次。对经过两次返修仍不合格的焊缝，或要更换母材，或按照由责任工程师会同设计和专业质量检验部门协商的意见处理。

6. 焊接变形

钢梁施焊后，焊缝横向收缩变形对钢柱垂直度影响很大，由于钢柱焊缝较厚，所以累计偏差的影响比较大。为确保工程质量，结合本工程的具体情况，采取以下措施。

（1）校正时外侧柱柱顶向外侧倾斜 3mm。采取预留收缩余量的措施。

（2）焊接时在柱两侧呈 90°挂磁力线锤，测定焊接过程中的轴线变化，并作相应焊接顺序调整。

（3）采用小热输入量、小焊道、多道多层焊接方法以减小收缩量。

八、影响钢柱垂直度的其他因素

1. 日照温差影响

日照温差引起的偏差与柱子的细长比、温度差成正比。一年四季的温度变化，会使钢结构产生较大的变形，尤其是夏季。在太阳光照射下，向阳面的膨胀量较大，故钢柱便向背向阳光的一面倾斜。通过监测发现，夏天日照对钢柱偏差的影响最大，冬天最小；上午

9～10时和下午2～3时较大，晚间较小。校正工作宜在早晨6～8点，下午4～6点进行。

2. 缆风绳松紧不当

缆风绳松紧不当，将影响钢柱的垂直度。严禁利用缆风绳强行改变柱子的垂偏值。

九、钢构件吊装安全注意事项

（1）第一节钢柱在地下室－8.6m标高平面上进行吊装，随着安装进程，作业面将逐步升高，施工人员较多，大量的高空作业和塔吊的频繁旋转运行，给安全施工带来了许多问题。所以，必须切实加强安全管理，有专人专职负责安全管理，做好各关键部位的安全措施，严查违章作业，做到预防为主，加强安全教育，提高职工的自我保护意识和自我保护能力。

（2）进场使用的一切机械、防坠器、索具等都要经过严格的检查，不能使用有变形及裂纹的连接索具，不能使用带毛刺及断丝的钢丝绳，不能使用失效的防坠器，所有器具的安全系数必须达到安全规程规定的要求。

（3）吊装时，应设立安全警戒线和明显的警示标志，设专人负责监护，防止闲人进入安全警戒区及受力索具区域内，以避免他人受到意外伤害。

（4）塔吊运行，应由有指挥经验的起重工持证上岗负责指挥。

（5）现场使用的焊机龙头线及地线一定要合理布设，不能与吊装钢丝绳相碰，以免烧坏钢丝绳。一切电器设施都要有防雨防潮设施。施工用电由专职维护电工负责电器的接线、送电、关闸。

（6）搭设各柱上操作平台，必须安全可靠。钢构件吊装过程中，必须安全可靠。

（7）螺栓操作者所用的螺栓应装入布袋，用一个拿一个，扭掉的螺栓梅花头，收入口袋，禁止随意扔掉。

（8）螺栓枪、撬棍、扳手、定位销等均有安全绳，并加以固定。

（9）施焊场地周围应清除易燃、易爆物品或进行遮盖，隔离围护。作业现场及焊机摆放处应配放有效的灭火器具。

（10）所有焊工作业均应有焊条筒，焊条与焊条头均装入筒内，焊筒挂放牢固。

（11）工作结束，应切断电焊机电源，并检查操作地点，确认无起火危险后，方可离去。

第九章　起重吊运指挥信号

起重指挥信号包括手势信号、音响信号和旗语信号，此外还包括与起重机司机联系的对讲机等现代电子通信设备的语音联络信号。在《起重吊运指挥信号》（GB 5082—85）中对起重指挥信号作了统一规定。

第一节　手势信号

手势信号是用手势与驾驶员联系的信号，是起重吊运的指挥语言，包括通用手势信号和专用手势信号。

一、通用手势信号

通用手势信号，指各种类型的起重机在起重吊运中普遍适用的指挥手势。通用手势信号包括预备、要主钩、吊钩上升等14种。

1. "预备"（注意）

手臂伸直，置于头上方，五指自然伸开，手心朝前保持不动（图9-1）。

2. "要主钩"

单手自然握拳，置于头上，轻触头顶（图9-2）。

3. "要副钩"

一只手握拳，小臂向上不动，另一只手伸出，手心轻触前只手的肘关节（图9-3）。

图9-1　预备　　　　　　图9-2　要主钩　　　　　　图9-3　要副钩

4. "吊钩上升"

小臂向侧上方伸直，五指自然伸开，高于肩部，以腕部为轴转动（图 9-4）。

5. "吊钩下降"

手臂伸向侧前下方，与身体夹角约为 30°，五指自然伸开，以腕部为轴转动（图 9-5）。

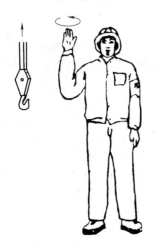

图 9-4　吊钩上升

图 9-5　吊钩下降

6. "吊钩水平移动"

小臂向侧上方伸直，五指并拢手心朝外，朝负载应运行的方向，向下挥动到与肩相平的位置（图 9-6）。

7. "吊钩微微上升"

小臂伸向侧前上方，手心朝上高于肩部，以腕部为轴，重复向上摆动手掌（图 9-7）。

图 9-6　吊钩水平移动

图 9-7　吊钩微微上升

8. "吊钩微微下降"

手臂伸向侧前下方，与身体夹角约为 30°，手心朝下，以腕部为轴，重复向下摆动手掌（图 9-8）。

9. "吊钩水平微微移动"

小臂向侧上方自然伸出，五指并拢手心朝外，朝负载应运行的方向，重复作缓慢的水平运动（图9-9）。

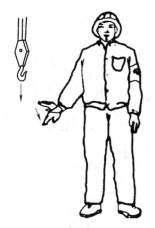

图 9-8　吊钩微微下降

图 9-9　吊钩水平微微移动

10. "微动范围"

双小臂曲起，伸向一侧，五指伸直，手心相对，其间距与负载所要移动的距离接近（图9-10）。

11. "指示降落方位"

五指伸直，指出负载应降落的位置（图9-11）。

12. "停止"

小臂水平置于胸前，五指伸开，手心朝下，水平挥向一侧（图9-12）。

图 9-10　微动范围

图 9-11　指示降落方位

图 9-12　停止

13. "紧急停止"

两小臂水平置于胸前，五指伸开，手心朝下，同时水平挥向两侧（图9-13）。

14. "工作结束"

双手五指伸开，在额前交叉（图9-14）。

179

二、专用手势信号

专用手势信号，指其有特殊的起升、变幅、回转机构的起重机单独使用的指挥手势。专用手势信号包括升臂、降臂、转臂等 14 种。

1. "升臂"

手臂向一侧水平伸直，拇指朝上，余指握拢，小臂向上摆动（图 9-15）。

图 9-13　紧急停止

图 9-14　工作结束

图 9-15　升臂

2. "降臂"

手臂向一侧水平伸直，拇指朝下，余指握拢，小臂向下摆动（图 9-16）。

3. "转臂"

手臂水平伸直，指向应转臂的方向，拇指伸出，余指握拢，以腕部为轴转动（图 9-17）。

图 9-16　降臂

图 9-17　转臂

4. "微微升臂"

一只小臂置于胸前一侧，五指伸直，手心朝下，保持不动。另一只手的拇指对着前手手心，余指握拢，作上下移动（图 9-18）。

5. "微微降臂"

一只小臂置于胸前一侧，五指伸直，手心朝上，保持不动。另一只手的拇指对着前手手心，余指握拢，作上下移动（图 9-19）。

6."微微转臂"

一只小臂向前平伸，手心自然朝向内侧。另一只手的拇指指向前只手的手心，余指握拢作转动（图 9-20）。

图 9-18　微微升臂　　　　　　图 9-19　微微降臂　　　　　　图 9-20　微微转臂

7."伸臂"

两手分别握拳，拳心朝上，拇指分别指向两侧，作相斥运动（图 9-21）。

8."缩臂"

两手分别握拳，拳心朝下，拇指对指，作相向运动（图 9-22）。

9."履带起重机回转"

一只小臂水平前伸，五指自然伸出不动。另一只小臂在胸前作水平重复摆动（图 9-23）。

图 9-21　伸臂　　　　　　　图 9-22　缩臂　　　　　　图 9-23　履带起重机回转

10."起重机前进"

双手臂先向前平伸，然后小臂曲起，五指并拢，手心对着自己，作前后运动（图 9-24）。

11."起重机后退"

双小臂向上曲起，五指并拢，手心朝向起重机，作前后运动（图 9-25）。

12. "抓取"（吸取）

两小臂分别置于侧前方，手心相对，由两侧向中间摆动（图9-26）。

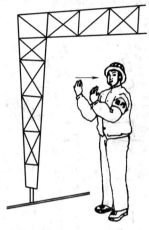
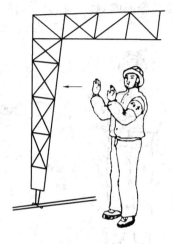

图9-24　起重机前进　　　　图9-25　起重机后退　　　　图9-26　抓取

13. "释放"

两小臂分别置于侧前方，手心朝外，两臂分别向两侧摆动（图9-27）。

14. "翻转"

一小臂向前曲起，手心朝上。另一小臂向前伸出，手心朝下，双手同时进行翻转（图9-28）。

三、船用起重机（或双机吊运）专用手势信号

1. "微速起钩"

两小臂水平伸向侧前方，五指伸开，手心朝上，以腕部为轴，向上摆动。当要求双机以不同的速度起升时，指挥起升速度快的一方，手要高于另一只手（图9-29）。

图9-27　释放　　　　　　图9-28　翻转　　　　　图9-29　微速起钩

2. "慢速起钩"

两小臂水平伸向侧前方，五指伸开，手心朝上，小臂以肘部为轴向上摆动。当要求双

182

机以不同的速度起升时，指挥起升速度快的一方，手要高于另一只手（图 9-30）。

3. "全速起钩"

两臂下垂，五指伸开，手心朝上，全臂向上挥动（图 9-31）。

4. "微速落钩"

两小臂水平伸向侧前方，五指伸开，手心朝下，手以腕部为轴向下摆动。当要求双机以不同的速度降落时，指挥降落速度快时一方，手要低于另一只手（图 9-32）。

图 9-30　慢速起钩

图 9-31　全速起钩

图 9-32　微速落钩

5. "慢速落钩"

两小臂水平伸向侧前方，五指伸开，手心朝下，小臂以肘部为轴向下摆动。当要求双机以不同的速度降落时，指挥降落速度快的一方，手要低于另一只手（图 9-33）。

6. "全速落钩"

两臂伸向侧上方，五指伸出，手心朝下，全臂向下挥动（图 9-34）。

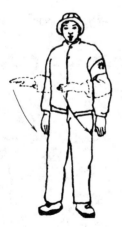

图 9-33　慢速落钩

图 9-34　全速落钩

7. "一方停止，一方起钩"

指挥停止的手臂作"停止"手势；指挥起钩的手臂则作相应速度的起钩手势（图 9-35）。

8. "一方停止，一方落钩"

指挥停止的手臂作"停止"手势；指挥落钩的手臂则作相应速度的落钩手势（图9-36）。

图9-35　一方停止，一方起钩　　　　　图9-36　一方停止，一方落钩

第二节　旗语信号

一般在高层建筑、大型吊装等指挥距离较远的情况下，为了增大起重机司机对指挥信号的视觉范围，可采用旗帜指挥。旗语信号是吊运指挥信号的另一种表达形式。根据旗语信号的应用范围和工作特点，这部分共有预备、要主钩、要副钩等23个图谱。

1. "预备"

单手持红绿旗上举（图9-37）。

2. "要主钩"

单手持红绿旗，旗头轻触头顶（图9-38）。

3. "要副钩"

一只手握拳，小臂向上不动，另一只手拢红绿旗，旗头轻触前只手的肘关节（图9-39）。

图9-37　预备　　　　　　图9-38　要主钩　　　　　　图9-39　要副钩

4. "吊钩上升"

绿旗上举，红旗自然放下（图 9-40）。

5. "吊钩下降"

绿旗拢起下降，红旗自然放下（图 9-41）。

6. "吊钩微微上升"

绿旗上举，红旗拢起横在绿旗上，互相垂直（图 9-42）。

图 9-40　吊钩上升　　　　　图 9-41　吊钩下降　　　　　图 9-42　吊钩微微上升

7. "吊钩微微下降"

绿旗拢起下指，红旗横在绿旗下，互相垂直（图 9-43）。

8. "升臂"

红旗上举，绿旗自然放下（图 9-44）。

9. "降臂"

红旗拢起下指，绿旗自然放下（图 9-45）。

图 9-43　吊钩微微下降　　　　图 9-44　升臂　　　　　　图 9-45　降臂

10. "转臂"

红旗拢起，水平指向转臂方向（图 9-46）。

11. "微微升臂"

红旗上举，绿旗拢起横在红旗上，互相垂直（图 9-47）。

图 9-46　转臂　　　　　　　　　　　　　　图 9-47　微微升臂

12. "微微降臂"

红旗拢起下指，绿旗横在红旗下，互相垂直（图 9-48）。

13. "微微转臂"

红旗拢起，横在腹前，指向应转臂的方向；绿旗拢起，横在红旗前，互相垂直（图 9-49）。

图 9-48　微微降臂　　　　　　　　　　图 9-49　微微转臂

14. "伸臂"

两旗分别拢起，横在两侧，旗头外指（图 9-50）。

15. "缩臂"

两旗分别拢起，横在胸前，旗头对指（图 9-51）。

16. "微动范围"

两手分别拢旗，伸向一侧，其间距与负载所要移动的距离接近（图 9-52）。

图 9-50　伸臂　　　　　　　　　　　　图 9-51　缩臂

17. "指示降落方位"

单手拢绿旗，指向负载应降落的位置，旗头进行转动（图 9-53）。

图 9-52　微动范围　　　　　　　　　图 9-53　指示降落方位

18. "履带起重机回转"

一只手拢旗，水平指向侧前方，另只手持旗，水平重复挥动（见图 9-54）。

图 9-54　履带起重机回转

19. "起重机前进"

两旗分别拢起，向前上方伸出，旗头由前上方向后摆动（图9-55）。

20. "起重机后退"

两旗分别拢起，向前伸出，旗头由前方向下摆动（图9-56）。

21. "停止"

单旗左右摆动，另外一面旗自然放下（图9-57）。

图9-55　起重机前进　　　图9-56　起重机后退　　　图9-57　停止

22. "紧急停止"

手分别持旗，同时左右摆动（图9-58）。

23. "工作结束"

两旗拢起，在额前交叉（图9-59）。

图9-58　紧急停止　　　　　图9-59　工作结束

第三节　音响信号

音响信号是一种辅助信号。在一般情况下音响信号不单独作为吊运指挥信号使用，而只是配合手势信号或旗语信号应用。音响信号由5个简单的长短不同的音响组成。一般指挥人员都习惯使用哨笛音响。这5个简单的音响可和含义相似的指挥手势或旗语多次配合，达到指挥目的。使用响亮悦耳的音响是为了使人们在不易看清手势或旗语信号时，作为信号弥补，以达到准确无误。

1. "预备"、"停止"

一长声——

2. "上升"

二短声●●

3. "下降"

三短声●●●

4. "微动"

断续短声●○●○●○●

5. "紧急停止"

急促的长声———

第四节　起重吊运指挥语言

起重吊运指挥语言是把手势信号或旗语信号转变成语言，并用无线电、对讲机等通信设备进行指挥的一种指挥方法。指挥语言主要应用在超高层建筑、大型工程或大型多机吊运的指挥和工作联络方面。它主要用于指挥人员对起重机司机发出具体工作命令。

1. 开始、停止工作的语言（表 9-1）

开始、停止工作语言　　　　　　　　　　　　　　　　表 9-1

起重机的状态	指 挥 语 言	起重机的状态	指 挥 语 言
开始工作	开始	工作结束	结束
停止和紧急停止	停		

2. 吊钩移动语言（表 9-2）

吊钩移动语言　　　　　　　　　　　　　　　　　　　表 9-2

吊钩的移动	指 挥 语 言	吊钩的移动	指 挥 语 言
正常上升	上升	正常向后	向后
微微上升	上升一点	微微向后	向后一点
正常下降	下降	正常向右	向右
微微下降	下降一点	微微向右	向右一点
正常向前	向前	正常向左	向左
微微向前	向前一点	微微向左	向左一点

3. 转台回转语言（表 9-3）

转台回转语言　　　　　　　　　　　　　　　　　　　表 9-3

转台的回转	指 挥 语 言	转台的回转	指 挥 语 言
正常右转	右转	正常左转	左转
微微右转	右转一点	微微左转	左转一点

4. 臂架移动语言（表9-4）

臂架移动语言 表9-4

臂架的移动	指 挥 语 言	臂架的移动	指 挥 语 言
正常伸长	伸长	正常升臂	升臂
微微伸长	伸长一点	微微升臂	升一点臂
正常缩回	缩回	正常降臂	降臂
微微缩回	缩回一点	微微降臂	降一点臂

第五节　起重机驾驶员使用的音响信号

起重机使用的音响信号有三种：

一短声表示"明白"的音响信号，是对指挥人员发出指挥信号的回答。在回答"停止"信号时也采用这种音响信号。

二短声表示"重复"的音响信号，是用于起重机司机不能正确执行指挥人员发出的指挥信号时，而发出的询问信号，对于这种情况，起重机司机应先停车，再发出询问信号，以保障安全。

长声表示"注意"的音响信号，这是一种危急信号，下列情况起重机司机应发出长声音响信号，以警告有关人员：

（1）当起重机司机发现他不能完全控制他操纵的设备时。

（2）当司机预感到起重机在运行过程中会发生事故时。

（3）当司机知道有与其他设备或障碍物相碰撞的可能时。

（4）当司机预感到所吊运的负载对地面人员的安全有威胁时。

第十章 起重吊装方案编制与起重安全管理

第一节 起重吊装专项施工方案编制

在建筑安装工程施工中，起重吊装施工作业是一项技术性强、危险性大、需多工种互相配合、互相协调、精心组织、统一指挥的特种作业，为了科学地组织施工，优质高效地完成吊装任务，应该编制起重吊装施工方案，保证起重吊装安全施工。

一、起重吊装专项施工方案编制范围

下列危险性较大的起重吊装工程施工前应当编制专项方案：

（1）采用非常规起重设备、方法，且单件起吊重量在 10kN 及以上的起重吊装工程。

（2）采用起重机械进行安装的工程。

（3）起重机械设备自身的安装、拆卸。

其中，采用非常规起重设备、方法，且单件起吊重量在 100kN 及以上的起重吊装工程、起重量 300kN 及以上的起重设备安装工程、高度 200m 及以上内爬起重设备的拆除工程，应当经专家组对方案进行论证审查。

二、起重吊装专项施工方案编制原则

1. 施工成本低

在编制施工方案时，在技术上可行的情况下，尽量采用成本最低的施工方法和措施来完成项目，以获取最大经济效益。

2. 施工周期短

工期缩短有利于项目施工成本的降低，从而提高经济效益，为企业赢得良好的信誉。

3. 技术可靠

要求技术的可行性、合理性及施工工程质量能够保证达到安全施工的目的。

上述三项原则事实上往往无法同时实现，技术可靠是确定方案的根本。更多时候是在保证技术可靠原则的基础上，根据所具备机械（具）的情况确定施工方案。

三、起重吊装专项施工方案编制依据

（1）施工组织（总）设计。

（2）工程施工图、工程总平面图及有关设计技术文件。

（3）有关法律法规和技术标准。

（4）施工工期的计划安排。

（5）施工场地的有关地质、地下管线资料及周边环境情况。

（6）工程合同。

（7）新施工技术及安装工艺。

四、起重吊装专项施工方案制定

1. 施工方法的选择

起重吊装专项施工方案和技术措施中，吊装方法的确定是最主要的，正确选择吊装方法是制定吊装方案和技术措施的前提，它决定了起重吊装专项施工方案的科学性、先进性和适用性，一般可以归纳为以下几类：

（1）按被吊装物件就位形态，分为分散吊装、整体吊装和综合吊装等。分散吊装又可分为正装和倒装。

1）分散吊装中的正装法，高空作业多，施工周期长，施工管理要求高，一次起重量小，使用吊具索具的规格尺寸小。

2）分散吊装中的倒装法，高空作业少，安全度高，一次起重量虽然没有减少，但起升高度与作业高度可大大降低。

3）综合吊装是把能在地面上做完的事力求全部做完，以减少高空作业，这种吊装方法操作难度大，但安装周期可明显缩短，同时减少高空作业的费用，可以弥补吊装机具费用的损失。

（2）按被吊装物件的整体竖立形式分类，有滑移法和旋转法。

（3）按被吊装物件的就位方式，有正吊、抬吊、侧偏吊等。

起重吊装方法的确定，应在确保安全施工、安装质量的前提下，根据工程内容、工期要求、施工工艺、施工队伍的素质、现场条件、机具索具和经济效益等因素，尤其应综合考虑被拖运或吊装物件的外形尺寸、重量、结构、类型、特点和数量，拟定几个可行的方案，通过论证比较，最终确定一个最优方案。

2. 方案的编制程序

起重吊装专项施工方案的编制一般包括准备、编写、审批三个阶段。

（1）准备阶段：由施工单位专业技术人员收集与起重作业有关的资料，确定施工方法和工艺，必要时还应召开专题会议对施工方法和工艺进行讨论。

（2）编写阶段：专项施工方案由施工单位组织专人或小组，根据确定的施工方法和工艺编制，编制人员应具有本专业中级以上技术职称。

（3）审核批准阶段：专项施工方案应由施工单位技术负责人组织施工技术、设备、安全、质量等部门的专业技术人员进行审核。必要情况下，应组织专家论证。审核合格，由施工单位技术负责人审批。

施工方案实施前，必须逐级进行技术交底。如施工条件发生变化，应对施工方案及时修改补充，并履行审核批准手续。

五、起重吊装专项施工方案内容

起重吊装专项施工方案一般包括以下内容：

1. 编制说明

编制说明包括被吊装物件的工艺要求和作用，被吊物体的重量、重心、几何尺寸、施工要求、安装部位、吊装方案等。

2. 工程概况

主要说明土建施工条件、设计要求、吊装工程内容、主要技术参数、工期要求及投资等。

3. 编制依据

列出所依据的法律法规、规范性文件和技术标准等。

4. 主要工程明细表

方案所要完成任务的明细表。

5. 施工平面布置图

施工场地布置从以下几个方面进行考虑：

（1）按平面图画出已有构筑物的情况，建筑物及设备的基础、地沟、电线电缆和吊装位置。

（2）被吊物件搬运路线、被吊物体拼装位置和被吊物件吊装位置等。

（3）当采用桅杆吊装时，桅杆的搬运路线、组装位置和竖立方法、移动路线、站位和吊装位置。

（4）卷扬机等机具的规格型号、位置、地锚和缆风绳的位置。

（5）吊装指挥人员位置及吊装警戒区域。

（6）吊装过程中几个关键状态的立面图，并标明尺寸。

6. 施工工法及施工程序

施工具体步骤、吊装顺序和质量要求。在吊装施工步骤中，要把全过程分解为工序，说明每个工序中的具体内容和施工方法。

7. 吊装受力分析及核算

根据平面图和立面图，将吊装过程中复杂的受力情况简化为力学模型，进行受力计算。

8. 机具索具明细计划

明细计划可分为两种，一是按分部分项分工种编制明细表；二是按品种、规格编制计划汇总表。

9. 锚点工作图

根据受力分析确定各地锚的受力大小，绘制出地锚结构图。对一些特殊的机具和索具连接，也应绘制详图。

10. 劳动力组织与进度安排

根据工程量和劳动定额编制劳动力计划和工程施工进度图。

11. 安全措施

根据工程的具体情况，编制详尽的有针对性的安全技术措施和安全组织措施。安全技术措施应针对工程的具体情况，充分考虑整个施工过程中可能出现的问题，同时还应考虑到周边可能产生的影响。

12. 应急预案

针对可能发生的突发事件，制定有针对性的应急处理救援预案。

六、施工安全措施

1. 安全措施编制依据

安全措施一般包括安全技术措施和安全组织措施两方面的内容。它的编制依据包括：

（1）国家有关法律法规和技术标准；

（2）重大危险因素；

（3）施工工艺、机械设备及操作方法，尤其是涉及新材料、新技术、新设备和新工艺的应用；

（4）施工作业环境；

（5）安全生产的合理化建议。

对于一项具体工程，一定要根据上述原则进行全面分析，考虑施工中可能出现的各种问题，制定出周密的安全措施。

2. 安全技术措施要求

为了防止施工过程中发生人身和设备事故，应针对施工方案中选用的各种机械设备和用电设施可能出现的不安全因素以及材料、设备运输带来的困难和危害，采取措施加以解决。对施工运输线路、吊装位置、地锚、缆风绳的布置等进行综合考虑，确保安全施工。

3. 安全组织措施要求

建立安全责任保证体系，明确各个岗位的安全生产责任制，严格遵守施工方案编制审批实施制度、安全技术交底制度、安全检查制度和特种作业人员持证上岗制度等。

第二节　起重安全管理

起重作业是运用力学知识，借助起重工具、设备等，根据物体的不同结构、形状、重量、重心，采取不同的方式方法，从放置位置吊运到预定位置的过程。在起重作业时，由于现场交叉作业多、环境条件复杂、安全隐患点多，稍不注意、配合不好或设备工具使用不当，很容易发生人身伤亡和设备损坏事故，这就需要起重机司机、指挥人员与司索人员相互配合、协调一致。

一、起重作业的安全管理

起重作业的安全管理，主要有以下几个方面：

1. 起重作业人员的安全培训考核管理

建筑起重司索信号工是指在建筑施工现场从事对起吊物体进行绑扎、挂钩等司索作业和起重指挥作业的人员。建筑起重司索信号工必须具备以下条件才有资格从事起重司索信号特种作业：

（1）年满18周岁。

（2）每年须进行一次身体检查，矫正视力不低于5.0，没有色盲、听觉障碍、心脏病、贫血、美尼尔氏综合症、癫痫、眩晕、突发性昏厥、断指等妨碍起重作业的疾病和缺陷。

（3）具有初中及以上文化程度。

（4）接受专门安全操作知识培训，经建设主管部门考核合格，取得《建筑施工特种作业操作资格证书》。

（5）首次取得《建筑施工特种作业操作资格证书》的人员实习操作不得少于三个月。实习操作期间，用人单位应当指定专人指导和监督作业。指导人员应当从取得相应特种作业资格证书并从事相关工作3年以上、无不良记录的熟练工中选择。实习操作期满，经用人单位考核合格，方可独立作业。

（6）每年参加不少于24小时的安全生产教育。

2. 起重设备安全管理

（1）起重机械应由使用单位的设备部门负责管理，指定专人负责，建立起重机械使用技术档案。

（2）所有进入施工现场的塔式起重机、施工升降机和物料提升机等起重设备必须在建设主管部门备案。

（3）起重机械所有安全限制装置和制动装置必须齐全有效，作业前必须对有关装置进行检查。

（4）建立健全起重机械设备的维修保养、检查检验、安全操作和交接班等制度，并认真执行。

3. 起重吊具索具的安全管理

（1）购买的吊具索具应有制造单位的技术证明文件。

（2）建立明细卡（册），登记起重吊具索具的规格、性能和使用状况。

（3）对吊具索具进行标识，标明其型号、购买日期、允许吊运荷载等，便于操作人员选用各种吊具索具。

（4）使用前，应组织人员对吊具、索具进行检查，未经检查登记的吊具、索具严禁使用。

（5）应指定专人对吊具、索具进行维护保养。

4. 作业现场安全管理

（1）作业前的准备

1）工作前，由技术人员对作业人员进行技术交底，凡参加起重吊装作业的人员必须认真学习，熟悉该工程的起重吊装专项施工方案，并按方案要求进行施工。

2）认真检查起重工具、设备，确保安全可靠。

3）认真勘察作业现场，确保工作环境无障碍。

4）认真做好起重作业准备工作，明确起重任务，掌握起吊物件的形状、重量、重心、角度，确定起重方法。

5）按规定需要配备工具设备，不得超载使用，装卸机器设备、精密仪器、光洁部件或有棱角的物件时必须谨慎操作。

6）使用醒目的标志划定出危险区域，严禁行人、车辆通过，并指定专人负责监护。

7）认真检查物件捆扎、吊挂情况。

（2）作业安全管理

1）施工人员必须分工明确，职责清楚，听从指挥。

2）不得擅自离开工作岗位。

3）非施工人员严禁进入警戒区。

4）进入现场施工人员，必须正确佩戴安全帽。

5）起吊前，应对设备、绑扎和所吊物件进行全面检查，合格后方能进行试吊或正式吊装，严禁超载。

6）施工人员进入操作岗位后，应对本岗位进行自检，经检查无问题后方可进行操作。

7）高处作业人员，作业时应正确使用安全带，佩带工具包，严禁从高空向下抛丢工具。

8）在吊运过程中，提升或下降要平稳，不得发生冲击现象。

9）如作业因故中断，必须采取安全措施。

10）工作结束，应将机具收存好，做到场地整洁，文明施工。

（3）总结与技术考核

在施工过程中或施工结束后，应及时总结分析，掌握施工中的难点，提出整改措施。

二、安全作业规程

（1）作业人员在作业前应对工作现场环境、行驶道路、架空线路、建筑物以及构件重量和分布情况进行全面了解。

（2）起重吊装的指挥人员必须持证上岗，作业时应与操作人员密切配合，执行规范的指挥信号。操作人员应按照指挥人员的信号进行作业，当信号不清或错误时，操作人员可拒绝执行。

（3）起重机操作人员与指挥人员相距较远或有视线障碍，正常指挥发生困难时，指挥人员应采用对讲机等有效的联络方式进行指挥。

（4）有六级及以上大风或大雨、大雪、大雾等恶劣天气时，应停止露天起重吊装作业。雨雪过后作业前，应先试吊，确认制动器灵敏可靠后方可进行作业。

（5）起重机的幅度、力矩、起重量限制器以及各种行程限位开关等安全装置，应完好齐全，灵敏可靠，不得随意调整或拆除。严禁利用限制器和限位装置代替操纵机构。

（6）操作人员进行起重机回转、变幅、行走和吊钩升降等动作前，应发出音响信号示意。

（7）起重机作业时，起重臂和重物下方严禁有人停留、工作或通过。吊运重物时，严禁从人上方通过。严禁用起重机吊运人员。

（8）操作人员应严格按照起重机说明书规定的起重性能作业，严禁超载。

（9）严禁使用起重机进行斜拉、斜吊和起吊地下埋设或凝固在地面上的重物以及其他不明重量的物体。现场浇筑的混凝土构件或模板，必须全部松动脱离后方可起吊。

（10）起吊重物应绑扎平稳、牢固，不得在重物上再堆放或悬挂零星物件。易散落物件应使用吊笼栅栏固定后方可起吊。标有绑扎位置的物件，应按标记绑扎后起吊。吊索与物件的夹角宜采用45°～60°，且不得小于30°，吊索与物件棱角之间应加垫块。

（11）起重量达到起重机额定起重量的90％及以上时，应先将重物吊离地面200～500mm，检查起重机的稳定性、制动器的可靠性、重物的平稳性、绑扎的牢固性，确认无误后方可继续起吊。对易晃动的重物应拴溜绳。

（12）重物起升和下降速度应平稳、均匀，不得突然提升或制动。左右回转应平稳，在回转未停稳前不得作反向动作。非重力下降式起重机，不得带载自由下降。

（13）严禁起吊重物长时间悬挂在空中，作业中遇突发故障，应采取措施将重物降落到安全位置，并关闭发动机或切断电源后进行检修。在突然停电时，应立即把所有控制器拨到零位，断开电源总开关，并采取措施使重物降到安全位置。

（14）起重机作业时，应与架空输电线路保持一定的安全距离。起重机的任何部位与架空输电导线的安全距离不得小于表 10-1 的规定。

起重机与架空输电导线的安全距离　　　　　　　　　　　表 10-1

电压（kV） 安全距离	<1	10	35	110	220	330	500
沿垂直方向（m）	1.5	3.0	4.0	5.0	6.0	7.0	8.5
沿水平方向（m）	1.5	2.0	3.5	4.0	6.0	7.0	8.5

（15）起重机使用的钢丝绳，其结构形式、规格及强度应符合该型号起重机使用说明书的要求。钢丝绳与卷筒应连接牢固，放出钢丝绳时，卷筒上应至少保留 3 圈，收放钢丝绳时应防止钢丝绳打环、扭结、弯折和乱绳，不得使用扭结、变形的钢丝绳。使用编结的钢丝绳，其编结部分在运行中不得通过卷筒和滑轮。

（16）钢丝绳采用编结固接时，编结部分的长度不得小于钢丝绳直径的 20 倍，并不应小于 350mm，其编结部分应捆扎细钢丝。当采用绳夹固接时，绳夹的规格、数量应与钢丝绳直径匹配。作业中应经常检查紧固情况。

（17）每班作业前，应检查钢丝绳，尤其是钢丝绳的连接部位。当钢丝绳达到报废标准时，必须立即更换。

（18）在转动的卷筒上缠绕钢丝绳时，不得用手拉或脚踩来引导钢丝绳。钢丝绳涂抹润滑脂，必须在停止运转后进行。

（19）起重用吊钩和卸扣严禁补焊，班前必须检查，达到报废标准应立即报废。

（20）起重作业，必须严格执行起重"十不吊"规定。

1）超过额定负荷不吊；

2）指挥信号不明、重量不明、光线暗淡不吊；

3）吊索和附件捆绑不牢、不符合安全要求不吊；

4）行车吊挂重物直接进行加工时不吊；

5）歪拉斜挂不吊；

6）吊物上面站人或有浮动物品不吊；

7）易燃易爆的物品，未采取安全措施不吊；

8）带棱角缺口的物件，尚未垫好不吊；

9）埋在地下的物件情况不明不吊；

10）六级以上强风无防护措施不吊。

三、起重作业人员安全职责

在起重吊运作业中，涉及起重指挥、起重司机和司索等人员，只有在指挥人员的统一指挥下，起重司机和司索等人员密切配合，才能顺利完成起重作业任务。

1. 指挥人员的职责

指挥人员的作用就是使司机按指挥信号的要求操作，把负载或空钩向其目的地运行。

（1）必须熟悉起重机械性能后方可指挥。

（2）应佩戴鲜明的标志，如标有"指挥"字样的臂章，特殊颜色的安全帽、工作服等。所佩戴手套的手心和手背要易于辨别。

（3）选择正确的指挥位置。指挥人员应站在使司机能看清楚指挥信号的安全位置上。当跟随负载运行指挥时，应随时指挥负载避开人员和障碍物。

（4）不能同时看清司机和负载时，必须要求增设中间指挥人员，以便逐级传递信号。当发现错传信号时，应立即发出停止信号。

（5）使用规范的指挥信号与起重司机联络，发出的指挥信号必须清晰、准确。

（6）不得干涉起重机司机对手柄或旋钮的选择。

（7）在开始吊载时，应先用"微动"信号指挥，待负载离开地面 100～200mm 稳妥后，再用正常速度指挥。必要时，在负载降落前，也应使用"微动"信号指挥。

（8）在负载运行时，负责监视并随时引导对可能出现的事故采取必要的防范措施。

（9）当负载到达目的地或指定区域时，在发出吊钩或负载下降信号前，必须确认作业区域人员、设备安全。

（10）同时用两台起重机吊运同一负载时，指挥人员应双手分别指挥各台起重机，以确保同步吊运。

2. 起重机司机的职责

（1）必须熟练掌握标准规定的通用手势信号和有关的各种指挥信号，并与指挥人员密切配合。

（2）必须服从指挥人员的指挥。

（3）当指挥信号不明时，应发出"重复"信号询问，明确指挥意图后，方可操作。

（4）严格按照安全操作规程进行操作。

（5）司机在开车前必须鸣铃示警，必要时在吊运中也要鸣铃，通知受负载威胁的地面人员撤离。

（6）在吊运过程中，司机对任何人发出的"紧急停止"信号都应服从。

3. 司索人员的职责

（1）必须熟悉各类起重工具、设备和机械的安全操作注意事项。

（2）掌握吊钩、绳索及其他起重工具性能和报废标准。

（3）熟练掌握绑扎、吊挂知识和起重指挥信号。

（4）接班时，应对索具、吊具进行检查，发现不正常时必须在操作前排除。

（5）工作前，应事先清理吊运地点及运行通道上的障碍物，并提醒无关人员避让。

（6）根据吊运物件正确选用吊运方法和吊运工具，应对吊物的重量有正确的估算，对吊具的允许负荷有准确的了解，严禁超负荷吊运。

（7）吊物重心要找准，绑扎点要选择正确。吊物应捆扎牢固，吊钩应挂牢，起吊时起重钢丝绳要垂直，严禁斜吊、拖吊。

（8）吊运坚硬、有棱角的物件，要加垫物，防止磨损或切割绳索。

（9）起吊时，选择安全的站位。

（10）工作中禁止用手直接校正已被重物张紧的绳索，吊运中发现绑扎松动或吊运工具出现异常现象时应立即停止作业进行检查

（11）起吊物件时，应将附在物件上的活动件固定好，收好绑扎绳头。

（12）禁止用人身重量来平衡吊运物件或以人力支撑物件起吊，严禁站在物件上同时吊运。

（13）工作结束后，应将工具擦洗净，做好维护保养。

四、起重作业人员基本要求

1. 牢固树立安全生产的责任心

安全生产是建筑施工的一项重要工作，而起重作业的安全，又是整个安全生产的重点，因而起重作业人员要有高度的责任感，要牢固树立"安全第一，预防为主，综合治理"的思想，在日常操作中要做到"五勤"。

一要脑勤，要多想问题，勤学苦练，要有过硬的本领，懂得起重作业的基本知识，要掌握操作的全过程及工艺流程，不断提高自身的操作技能水平。

二要眼勤，指挥人员要"眼观六路，耳听八方"，起吊前要"瞩前顾后"，注意上、下、左、右、前、后，不要盲目蛮干。

三要手勤，要勤检查、勤保养、勤清洁，保证使用的设备、吊具、索具、工具、夹具的完好。

四要腿勤，要勤于与上、下、左、右、前、后相关人员沟通联系。

五要口勤，对指挥人员发出的指挥信号，如有不清楚、不明白的应勤于开口多问，千万不可凭经验推测或主观臆断。

2. 发扬团结互助协作的精神

起重吊装是一种协作性较强的作业，作业时要上下、左右之间，互相关心，互相爱护，互相帮助，操作人员要发扬团结、关爱、互助、协作的精神，反对偷懒省事、急躁情绪、侥幸心理、盲目蛮干、心不在焉、嬉笑打闹等不安全的思想和行为。

3. 掌握安全事故的规律性

任何事物都有它的客观规律，安全事故的发生也有它的客观规律，掌握了这些规律，就可以化被动为主动。从导致事故发生的原因来看，大致有以下因素：

（1）吊运物体时，无专人指挥或指挥不当，物体下降过快，造成脱钩。

（2）未对吊索进行检查，吊运物件受力过大造成吊索断裂。

（3）吊运时摆动幅度过大，或超负荷吊运造成倾覆。

（4）由于挂钩起吊物件不稳产生摆动，碰倒堆物或撞击地面人员。

（5）指挥操作不当，触及高压线路造成触电事故。

（6）指挥信号不清，联络不通畅，造成事故。

（7）绑扎不牢，造成吊物从空中坠落。

（8）设备维修保养不善，带病运转。

（9）思想上麻痹大意，以经验代替操作规程。

（10）分工不明，责任不清，配合不当。

（11）有章不循，违章不究，管理不到位。

（12）没有对作业人员进行经常性的安全教育和培训。

（13）缺少必要的安全、保险、限位、信号等装置或装置失灵。

参 考 文 献

1. 住房和城乡建设部工程质量安全监管司. 建筑起重司索信号工. 北京：中国建筑工业出版社，2010.
2. 潘家山、潘家生、潘庆元. 建设工程起重安装操作知识. 北京：中国建筑工业出版社，2013.
3. 建设部人事教育司. 安装起重工. 北京：中国建筑工业出版社，2009.
4. 国家标准. 起重机钢丝绳保养、维护、安装、检验和报废 GB/T 5972—2009. 北京：中国标准出版社，2010.